宁夏水利博物馆 图典

NINGXIA SHUILI BOWUGUAN TUDIAN

宁夏水利博物馆 编

黄河水利出版社

·郑州·

图书在版编目（CIP）数据

宁夏水利博物馆图典／宁夏水利博物馆编. —郑州：黄河水利出版社，2021.6
ISBN 978－7－5509－2978－4

Ⅰ.①宁…　Ⅱ.①宁…　Ⅲ.①水利工程－博物馆－宁夏－图集　Ⅳ.①TV-282

中国版本图书馆CIP数据核字（2021）第082993号

出　版　社：黄河水利出版社　　　　　　　　　　网址：www.yrcp.com
　　　　　　地址：河南省郑州市顺河路黄委会综合楼14层　邮编：450003
发行单位：黄河水利出版社
　　　　　　发行部电话：0371-66026940、66020550、66028024、66022620（传真）
　　　　　　E-mail：hhslcbs@126.com
承印单位：河南瑞之光印刷股份有限公司
开本：787mm×1092mm　1／16
印张：19.25
字数：500千字　　　　　　　　　　印数：1—1000
版次：2021年6月第1版　　　　　　印次：2021年6月第1次印刷

定价：298.00元

《宁夏水利博物馆图典》编委会

宁夏水利博物馆西北侧

宁夏水利博物馆东北侧

宁夏水利博物馆外墙石刻

序　言

　　"天下黄河富宁夏"，宁夏水利博物馆（以下简称："水博馆"）作为宣传展示自治区悠久引黄灌溉历史文化和辉煌治水成就的"窗口"，是 2009 年自治区党委、政府决定由水利厅主持兴建的一项文化强区的重点工程，坐落于水文化资源、自然资源、人文景观资源丰富的黄河青铜峡出口右岸，占地面积 3500 平方米，建筑面积 4085 平方米，布展面积 2850 平方米，建筑设计采用秦汉时期的高台式建筑风格，馆顶为青铜扭面屋顶，周围水系衬托，形象展示了宁夏水利的秦风汉韵与现代水工技艺。外墙运用长 108 米、宽 2 米的石材线刻工艺，以浪花和祥云贯穿勾勒了大禹劈峡治水、秦汉移民开渠、唐太宗大会百王、塞上水利新貌等重大历史事件和标志性建筑，形象揭示了宁夏经济社会发展史就是一部波澜壮阔的水利开发建设史。

　　水博馆于 2011 年 9 月建成开馆，馆内设序厅、千秋流韵、盛世伟业、水利未来、水利文化、水利人物 6 大部分 23 个单元，馆内展陈了钮公生祠碑（二级）、汉渠碑首（三级）等国家级文物 6 件，实物 520 余件，历代水利及农耕用具 120 余件。展示蒙恬、刁雍、郭守敬等治水人物雕像 6 具。馆藏古籍 20 余册，书画 210 余幅。塑造了昊王开渠、塞上江南"新天府"等场景沙盘多处，客观展示了 2200 多年来宁夏悠久深厚的水文化积淀、千秋流韵的治水历史和中华人民共和国成立以来宁夏水利建设的辉煌成就。

　　水博馆开馆运营以来，广泛接待了国家及区内外各级领导、企事业单位、社会团体及各界群众，目前年均接待约 20 万人次。先后被评为"全国中小学生节水教育社会实践基地""国家水情教育基地"、自治区"科普教育基地"和"爱国主义教育基地"。2017 年，承担了宁夏引黄古灌区申报世界灌溉工程遗产工作任务，在多方共同努力下，确保同年成功列入名录，开创了宁夏黄河文化保护、传承、弘扬的新局面，迈上了新台阶。

　　值此水博馆建成开馆 10 周年之际，精心编撰《宁夏水利博物馆图典》一书，为保持原貌，书中涉及的部分数据及图片仍以 2010 年年底数据为准，治水方略、重大工程等部分内容进行了更新。刘建勇负责整体组织协调、编排审稿工作；陆超负责序言编写、第二部分第六单元第二组至结束语部分内容编排、协调场景文物拍摄及图文校核工作；王飞负责第二部分第一单元至第六单元第一组部分内容编排及全书校对修订等工作；谭炜负责序厅及第一部分内容编排、配合场景文物拍摄以及图文校核工作；其他编委会成员主要对全书内容进行了图文校对及配合保障工作。希望通过图典的编纂出版，能够为有志于宁夏水利历史文化研究的专家同仁和广大读者提供有益参考，更加生动具体地讲好独具特色的宁夏"黄河故事"。

宁夏水利博物馆

2021 年 5 月

目录

序　厅

天下黄河富宁夏

前 言

宁夏山河壮美，风景秀丽，史称"八郡之肩背，三镇之要膺"。自古以来，唯黄河而存在，唯黄河而发展。得益于黄河母亲无私的哺育，宁夏的水利建设，虽然历经朝代更迭和灾难曲折，但总在国家统一、相互包容、文明辉映的主旋律下延续发展，对促进农牧业生产、维护边疆稳定起到了重要作用。

从司马迁"水之为利害"到郭守敬"因旧谋新"，从乾隆大帝"兴水利以尽地利"到宁夏知府张金城"河渠为宁夏生民命脉"，秉承着前人对治水深刻的感悟，每逢时局稳定，当时的政权阶层总把开渠屯垦当作为政之要。适时督率民众，大兴水利，造就了"塞北江南""鱼米之乡"的富庶。回溯历史，汉代的激河浚渠、西夏的卷埽治河、元代的更立闸堰、明代的十里长堤，清代的规模开渠，无不闪耀着宁夏劳动人民朴素的科学治水与兴利治水的聪明才智。

中华人民共和国成立后，宁夏全面贯彻中央治水方略，深刻认识宁夏依水生存、因水贫困、唯水发展的区情现状，掀起大规模兴修水利的高潮，开创了综合治水的新局面，并形成了较为完善的灌溉、排水、防洪、水保等水利工程体系。党的十八大以来，水利部门贯彻中央"节水优先、空间均衡、系统治理、两手发力"的新时期治水思路，以保障水安全为核心，以全面推行河湖长制为牵引，切实推进以系统治理为特征的治水实践，推动了水利建设事业的健康发展，为区域经济社会全面发展提供了基础支撑。

随着农业化、工业化、城镇化的发展，水已经成为促进现代经济社会可持续发展的基础性自然资源和战略性经济资源。加快水利改革发展，是事关我国社会主义现代化建设全局和中华民族长远发展重大而紧迫的战略任务。站在新起点，宁夏水利必将与时俱进，科学发展，兴水富民，兴水强区，在实现中华民族伟大复兴的壮丽征程中再谱华章。

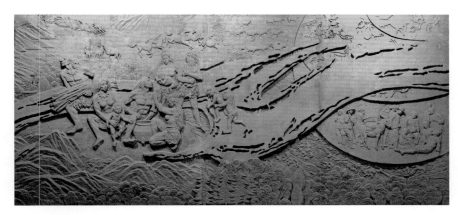

浮雕一介绍： 奔腾不息的黄河水流经宁夏 397 公里，河出黑山峡、青铜峡，河床水位相对稳定，发育形成土壤肥沃、地势平坦、坡度舒缓的宁夏平原，河面稍低于地面，开口即可灌溉，享有得天独厚的引河水自流灌溉条件。久有"天下黄河富宁夏"之说。

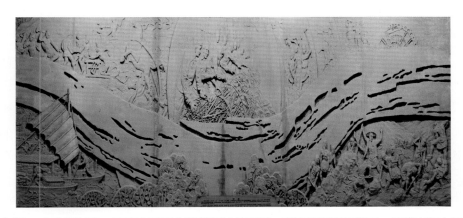

浮雕二介绍： 自秦汉以来，宁夏水利事业随着朝代的更替，盛进衰退不断发展。历代宁夏人民因地制宜、自强不息开展了激河浚渠、卷埽治河、水车提灌、造船运粮等治水实践，水利事业建设发展从未中断，并留下了"大禹劈峡""白马拉缰"等动人传说。

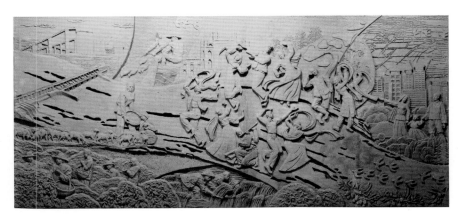

浮雕三介绍： 中华人民共和国成立后，宁夏各族群众团结治水，整治古渠，开挖新渠，打井挖窖，修建水库，兴建水利枢纽和扬水工程，打造"黄河金岸"，发展农村水利、城市水利、工业水利、民生水利和生态水利，建设节水型社会，"塞上江南"一跃成为"中国十大新天府"之一。

宁夏全景沙盘

宁夏全景沙盘（9米×9米）： 展示了宁夏西北东三面分别被腾格里沙漠、乌兰布和沙漠、毛乌素沙地包围；北有巍巍贺兰山、南有雄浑六盘山；滔滔黄河水由中卫市入境至石嘴山市出境，流经宁夏397公里，黄河支流清水河涓涓北流。突出表现黄河流域与宁夏的区位关系，充分说明宁夏平原是一片被沙漠和黄土高原包围的绿洲。（注：红色灯带为宁夏省界线，蓝色灯带为河渠水系，绿色灯带为排水沟道）

穹顶星空

穹顶星空： 二层直径 12 米的挑空穹顶为春分时北半球星象图，北斗七星"斗杓东指，天下皆春"；南面的张宿六星，形如张开的弓矢，寓意"开张大吉"；最中心为狮子座，形似黄河流域。整体寓示着宁夏水利迎来了大发展的春天。

第一部分

千秋流韵
History of Water Resources

文明之源
Origin of Civilization from Ancient Times up to Qin era

人类文明的发祥、发展与水密不可分。古今中外
经济文化之兴衰，都与水利之兴衰息息相关。作为黄
河文明的承载者之一，宁夏地区的发展历来与游牧文
明和农业文明拉锯交融紧密相连。灿烂的河套文明、
多元的移民文化、悠久的江南遗韵、神秘的西夏文
化、浓郁的回乡风情，造就了"塞上江南"的神奇。

宁夏平原唯黄河而存在，唯黄河而发展。自秦代
以来，引黄古灌区总是随着封建王朝的更替盛衰进
退，逐步发展成为与都江堰灌区齐名的中国四大古灌
区之一。宁夏的经济社会发展史，就是一部波澜壮阔
的水利开发建设史。

水是生命之源，也是文明之
基。中华民族远古文明与世界其
古文明姆育水而起，孕育三万年
前的旧石器时代，延续先民就在
复兰山下、黄河之滨、六盘山麓
的这片热土上繁衍生息。夏商周
时期，北方族、戎、狄等草原族
依托黄河两岸的多水草游牧生
活，留下了灿烂的文明印记。

The creation and develop ent of human civilization is closely related with water
resources. The rise and fall of economy and culture at all times and in all lands can not be
separated with the development of water resources. As one of th carrier of Yellow River
Culture, Ningxia develops with close connection of the dif erence and integration of
nomadic civilization and agricultural civilization. The splendid Hetao civilization at
Paleolithic age i.e. a blender of grassland culture and Yellow River culture, multi-culture
of immigration, centuries-old culture with characteristics of Southern C ina, m sterious
Xixia culture (the culture of Xixia Kingdom, established by Dangxiang ethnic minorit
group in Ningxia and lasted from 1038 to 1227 in Chinese history) and the strong
atmosphere of Muslim culture cultivate the mystery of Ningxia as a lace of land with lush
southern-typed scenery north of the Great Wall. Water resources n Ningxia can only be
existed and developed with the bless of Yellow River. S'nce Qing dynasty
(2Z1BC-2068BC), although the old irrigated areas by irrigating water from the Yellow Rive
in Ningxia experienced ups and downs with the change of dif erent dynasties they
gradually developed into one of the four biggest irrigated areas in China which enjoyed the
same reputation with Dou Jiangyan (a big water conservancy project in Sichuan Province,
southwest of China). Therefore, the history of economic and social development of Ningxia
can be said as the great histor of the development of water resources in Ningxia.

第一部分

千秋流韵

　　人类文明的发祥和发展与水密不可分。古今中外经济文化之兴衰，都与水利之兴衰息息相关。作为黄河文明的承载者之一，宁夏千秋流韵的治水历史、灿烂的黄河文化、多元的移民文化、悠久的江南遗韵造就了"塞上江南"的神奇。

　　宁夏平原唯黄河而存在，因黄河而发展。自秦代以来，引黄古灌区总是随着朝代的更替盛进衰退，不断发展。逐渐发展成为与成都平原齐名的四大古灌区之一。宁夏的经济社会发展史，就是一部波澜壮阔的水利开发建设史。

第一单元
文明之源——远古至先秦

　　水是生命之源，也是文明之基。中华民族远古文明与世界远古文明都因水而起。早在三万年前的旧石器时代，远古先民就在贺兰山下、黄河之滨、六盘山麓的这片热土上繁衍生息。夏商周时期，北方戎、羌、匈奴等民族依托黄河两岸的丰美水草游牧生活，留下了辉煌的文明印记。

文明之源——远古至先秦展区

古黄河流经宁夏，带来了原始农业文明的曙光。今灵武水洞沟，青铜峡鸽子山和彭阳县岭儿、刘河等处发现的旧石器和细石器遗址、遗物，以及海原县菜园子、隆德县页河子等处发现的大量新石器遗存，充分表明宁夏地区是中华民族远古文明的发祥地之一。

九曲黄河

黄河流域图

铲齿象头骨化石

铲齿象头骨化石出土于宁夏吴忠市同心县。距今 1000 多万年前，地球上出现了一种十分特化的象类。它的下颌极度拉长，其前端并排长着一对扁平的下门齿，形状恰似一个大铲子，故得名铲齿象。铲齿象广泛分布于欧亚非等各个大陆，数量众多，距今 400 万年前全部灭绝。

原始人类逐水而居（复原场景）

宁夏灵武水洞沟遗址

双耳陶罐
（宁夏海原菜园遗址出土，距今 4500 年左右）

贺兰山双羊岩画
（宁夏贺兰山，距今 5000 年左右）

石斧
（距今 4500 年左右）

单耳陶罐
（距今 4500 年左右）

第二单元
天堑通流——秦汉水利

　　秦灭六国后，结束了春秋战国以来长达数百年之久的诸侯各国分裂割据、混战不已的局面，宁夏平原开始筑坝引水灌田的历史。汉武帝时，三次大批移民，与当地民众大举屯垦挖渠，"引川谷以溉田"，使大量"地固泽卤"之地变成良田，标志着宁夏地区已由游牧经济转变为以灌溉农业为中心并与牧业相结合的农牧经济，发展成为黄河上游最大的灌区之一。

　　战国末年，秦国为进一步巩固边防，实行军民屯垦，在北地郡河南地开挖了北地东渠和北地西渠，成为与都江堰、郑国渠、灵渠等古代著名水利工程齐名的古老渠道。两千多年以来，不断完善的宁夏引黄灌区与四川都江堰灌区、安徽淠史杭灌区、内蒙古河套灌区并称中国四大古老灌区。

天堑通流——秦汉水利展区

四川都江堰（始建于公元前256—前251年）　　　　　陕西郑国渠（始建于公元前237年）

广西灵渠（始建于公元前214年）

宁夏引黄灌区（始建于公元前213年）

第一组
蒙恬开疆（秦代水利）

公元前215年，秦始皇派大将蒙恬发兵三十万北击匈奴，"略取河南地"，设立北地郡。公元前211年"迁北河榆中三万家"，将部分移民安置在所辖四十四县之一的富平县（在今吴忠市金积镇附近）等地，实施军民屯垦，拉开河套灌区开渠引黄河水灌溉的序幕，促进了当地农牧业发展。

蒙恬（？—前210年），汉族，祖籍齐国，今山东省蒙阴县人，秦时著名将领。公元前215年奉命率三十万大军北击匈奴，收复河南地，为河套地区的开发创造了条件，是开发宁夏平原第一人。后又修筑西起临洮（今甘肃岷县），东至辽东（今辽宁境内）的万里长城，有力地遏制了匈奴的南进。

蒙恬（雕塑）

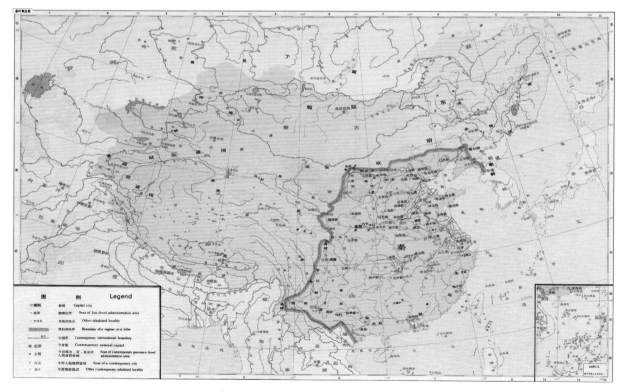

秦代疆域图（出自《中国历史地图集》）

蒙恬开疆（中国画　作者：唐西林）

乃使将军蒙恬发兵三十万人北击胡，略取河南地……西北斥逐匈奴，自榆中并河以东，属之阴山，以为四十四县，城河上为塞。又使蒙恬渡河取高阙、阳山、北假中，筑亭障以逐戎人。徙谪，实之初县……又迁北河榆中三万家……

《史记》

蒙恬北击匈奴略取河南地记载
（出自《史记》）

秦渠

秦渠开口于宁夏黄河青铜峡出口右岸，因始凿于秦而得名。又名北地东渠、秦家渠，是河东灌区最早的干渠。据文献记载，秦家渠之名最早见于元大德七年（1303年）虞集《翰林学士承旨董公行状》"开唐来、汉延、秦家等渠"。嘉靖《宁夏新志》记载"秦家渠，古渠名也"。乾隆《大清一统志》记载"秦家渠在灵州东，亦曰秦渠，古渠也"。《读史方舆纪要》记载"秦家渠，在

古秦渠进水口遗址前的砌石

黄河东南，分河水溉田数百顷"。明万历十八年（1590年）监察御史周弘跃阅视宁夏边务时言，"河东有秦、汉二坝，请依河西汉、唐坝筑以石"。巡抚崔景荣令以石砌成，水流始通，灌田九百余顷。中华人民共和国成立前，秦渠由峡口北流至灵武县北门外，尾水入涝河，全长71.5公里。有大小支渠220条，灌地14.5万亩。现今，干渠长60公里，最大引水流量65.5立方米/秒，灌溉面积达38.3万亩。

古秦渠进水口砌石

秦代陶水管

20世纪30年代秦渠口

至今依然流淌的古秦渠

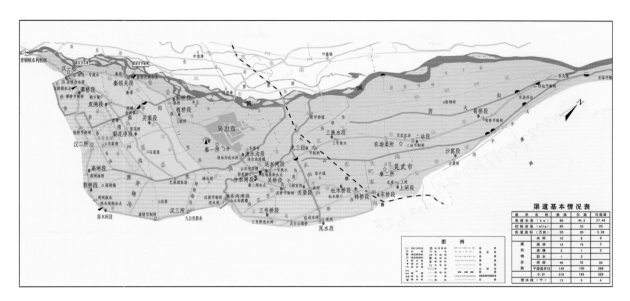

秦渠、汉渠灌区图（2008 年）

秦渠灌域（2019 年）

第二组
汉武实边（汉代水利）

　　西汉时期，铁制工具在边疆地区已广泛推广，加快了开渠进程。汉武帝时北击匈奴，稳定边防，各地大兴水利，北地郡等引黄垦区"激河浚渠为屯田"，银川平原的河东、河西灌区已见雏形，引黄灌溉面积 50 万亩左右。北部边疆 "数世不见烟火之警，人民炽盛"，出现"谷稼殷积" "牛马衔尾，群羊塞道"的兴旺景象。

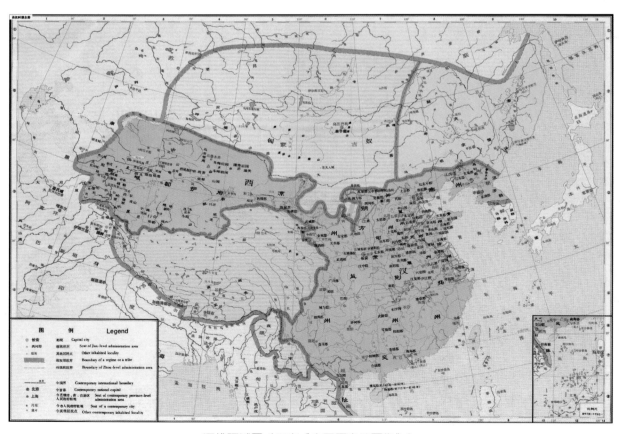

汉代疆域图（出自《中国历史地图集》）

汉武帝（公元前156—前87年），名刘彻，字通。中国古代伟大的政治家、战略家、诗人。在位期间击破匈奴，遣使出使西域，独尊儒术，首创年号，开拓汉代最大版图，功业辉煌。大力推行屯围、屯垦等发展农业的重大措施，三次向西北地区移民140多万人，进行屯田戍边，发展了河套、河西走廊、新疆地区的水利事业，在水利建设方面取得显著成就。公元前109年，汉武帝征发数万士兵堵住了黄河决口。经过这次治理，黄河下游大约有80年没有发生过大的水灾。

汉武帝刘彻（中国画）

汉代移民记载
（出自《史记》《汉书》）

汉代移民实边（中国画 作者：唐西林）

汉代大兴水利记载（出自《史记》）

汉渠

汉渠又名汉伯渠，开口于青铜峡出口黄河右岸，汉武帝时开凿。有汉渠在唐代为光禄渠之说。《旧唐书》记载，元和十五年（公元850年）六月李听任灵盐节度使时曾疏浚过光禄渠，溉田千余顷。《读史方舆纪要》记载，光禄渠在所（灵州守御千户所）东，志云："渠（光禄渠）在灵州，本汉时导河溉田处也。"中华人民共和国成立前，汉渠由峡口北流至灵武胡家堡，尾水入涝河（今清水沟），全长50公里，有大支渠5条，小支渠284条，灌田10万亩。现今，干渠长43公里，最大引水流量33.5立方米/秒，灌溉面积达20.5万亩。

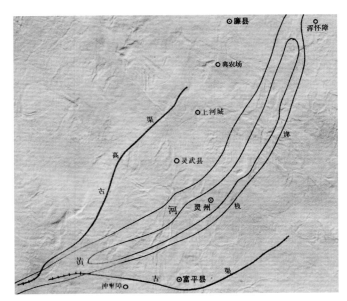

汉代宁夏引黄灌区渠道示意图（作者：杨新才）

20世纪30年代汉渠引水堤

20世纪30年代汉渠口

1958年青铜峡水利枢纽建设前秦渠进水口、汉渠进水口、唐徕渠进水口位置

汉代陶漏斗（复制）

明代汉渠碑首

20 世纪 70 年代秦渠、汉渠、马莲渠分水闸

改造一新的秦渠、汉渠、马莲渠分水闸（2019 年）

汉延渠

汉延渠又名汉源渠，习称汉渠。开口于青铜峡出口黄河左岸。在原来北地西渠的基础上延展而成。据唐《元和郡县图志》载，汉延渠在灵武县（唐代灵武县治所大致在今青铜峡县北部）南五十里，溉田五百余顷。汉延渠之名最早见元初，《元史》记载"古渠在中兴者，一名唐来，其长四百里。一名汉延，长二百五十里"。明万历《朔方新志》记载"浚汉渠者，虞诩、郭璜也"。据清代钮廷彩《钦命大修汉渠碑记》称"汉之有斯渠，殆元封太初间（公元前 110 —前 101 年）"。中华人民共和国成立前，渠道全长 119.25 公里，有大小支渠 442 条，灌田 25.56 万亩。现今，干渠长 88.6 公里，最大引水流量 80 立方米 / 秒，灌溉面积达 46.1 万亩。

20 世纪 30 年代汉延渠引水堤　　　　　　　　　　20 世纪 30 年代汉延渠正闸桥前的永庆退水闸

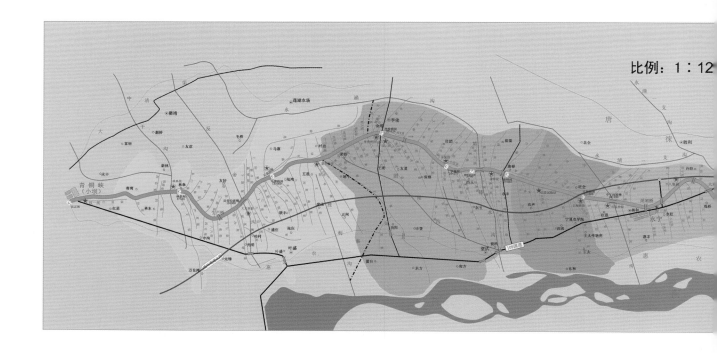

钦命大修汉渠碑记

（清）观察使 钮廷彩

昔司马迁从负薪塞宣房，悲瓠子之诗，而作《河渠书》，其言汉之导河为渠也。盖详郑当时为大农令，水工徐伯引渭穿渠。并南山下庄熊黑穿龙首渠，堑石是利，於是朔方、河西皆引河以溉田。汉之有斯渠，殆元封太初间，与顾姓氏湮没，不与蜀水、郑国昆耀先后。怀古者惜焉，虽然王者抚世诚民，宏一代之规模，以神灵首出之资，缵成非臣下所得私。渠为汉有，史非阙也。洪惟我皇上，我朝德泽涵濡，制度美备，区区汉唐之治，度越千万。先是夏之塞，河𡼏弃地，可引而溉，天子乃命大臣穿惠农渠，复缘六羊河昌润渠，建县二，画井授田，归者如水。既又念宁夏有汉、唐诸渠，岁取材於民，公旬惟月，虑其材俭民芳辛致堙塞也。超延臣还救下宁夏郡昌暨水利同知竟其事。臣钮廷彩奉职朔方，凛兹成命，凤夜惕若。正九年，唐渠成，金声玉振。天子不欲重烦吾民，顾时方讨罪於西域，飞刍挽粟，悉发帑金，恢闲旧制。圣天子乃命大臣芳辛致堙塞也，癸丑之春，疏汉渠，戒事於水利同知臣石礼图，越百执事，奔走先后，自渠口达尾，绵亘一百九十五里八分。测水平，竟源委，高者裁之，怒者厮之，雍者溶之。沮洳而漫衍者潴之，渠以大利。正闸一，退水闸三，尾闸一，陂堤凡几，或因旧更新，或无而今益，鼋砌坚完，革组重叠。逶迤联属，轮蹄便适。是役也，发夫五千人，縻金钱万，戎事於龙神，迁诸东麓，庙貌以新，桥亭一，横桥二十有零。凡一月而工竣。狩钦盛哉一之穿斯渠也，作者数万人，历三期，费以巨万十数，功非不伟矣！历数千百年至於今，人事迁易，埋没不常，藉非大圣人在上，起而更新之，其不浸久浸废者卒鲜。是我皇上浚亩距川，功延万世，凡以缵禹之绪，非直与炎汉争先也。边隅小臣，躬逢盛事，仰圣德之高深，而与斯民乐美利於无穷。恭镌诸石，以垂不朽，是为记。

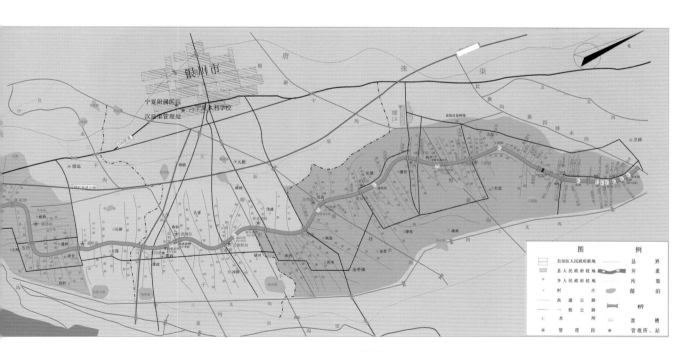

汉延渠灌区示意图（2008年）

20 世纪 50 年代汉延渠老渠口

改造一新的汉延渠小坝进水闸、退水闸（2019 年）

汉代陶水管

汉代铁锹

汉代铁犁铧

汉代铁锄

汉代铁镐

第三单元
塞上美誉——北魏隋唐水利

　　南北朝时期，北方割据政权战乱不已，更迭频繁，河渠灌溉步履艰难。隋唐时期，政局稳定，内地先进的铁制工具在灵州等地普遍使用，为水利恢复和发展创造了条件，水利建设由衰转盛，步向大发展阶段，极大地推进了经济社会的繁荣。从"贞观之治"至"开元盛世"再现了封建社会的发展高峰。

塞上美誉——北魏隋唐水利展区

第一组
刁雍凿渠（南北朝水利）

北魏初年，北方实现统一，命令"各地修水田，通渠灌溉"。公元 444 年，刁雍就任薄骨律镇（现吴忠市境内）镇将时，使中断近 300 年的引黄灌溉得以恢复和发展，"数年之中，军国用足"，成为西部的粮仓。北周时期，中原、江南地区不断向河套灌区移民，加速耕垦，银川平原灌溉面积约 60 万亩。

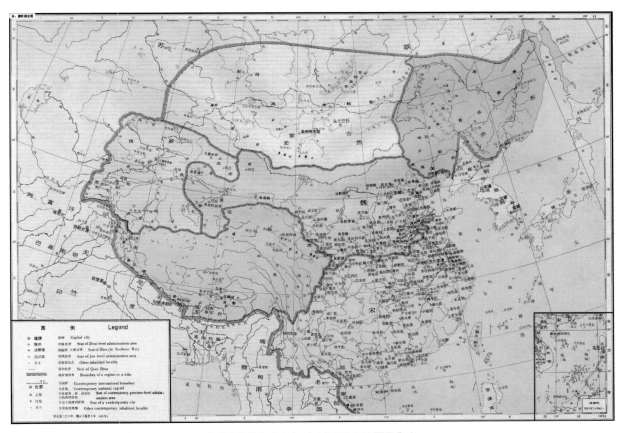

北魏疆域图（出自《中国历史地图集》）

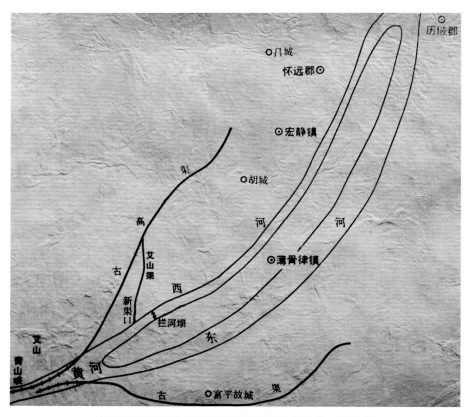

南北朝时期宁夏引黄灌区渠道示意图（作者：杨新才）

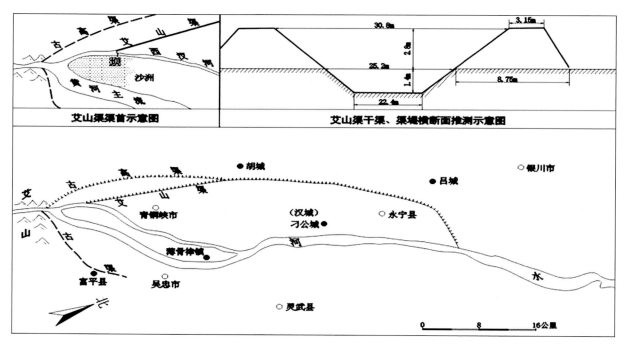

艾山渠渠系平面示意图（作者：李令福）

刁雍（公元390—484年），字淑和，渤海饶安（今河北盐山县）人。历任将军、刺史，赐爵东安侯，担任过北魏宰相，为北魏名臣名将。公元444年，任薄骨律镇镇将，期间修建艾山渠，恢复古高渠。公元446年，造船运粮，创黄河上游水运先河。刁雍坐镇薄骨律镇11年，为官清廉，不谋私利，政绩突出，为开发西北，尤其是宁夏做出了杰出的贡献。《魏书》评价刁雍："雍性宽柔，好尚文典，手不释书，明敏多智。"著有诗、赋、论、颂、杂文百余篇。

刁雍（雕塑）

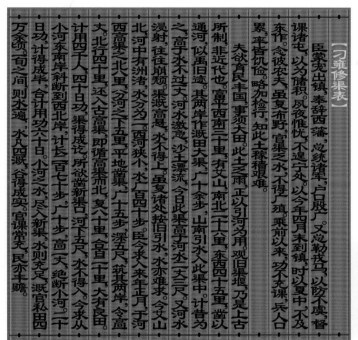

刁雍修渠表（出自《魏书》）

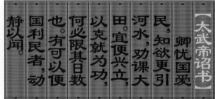

北魏太武帝造渠诏书（出自《魏书》）

刁雍造船表

　　奉诏高平、安定、统万及臣所守四镇，出车五千乘，运屯谷五十万斛付沃野镇，以供军粮。臣镇去沃野八百里，道多深沙，轻车来往，犹以为难。设令载谷，不过二十石，每涉深沙，必致滞陷。又谷在河西，转至沃野，越度大河，计车五千乘，运十万斛，百余日乃得一返，大废生民耕垦之业。车牛艰阻，难可全至，一岁不过二运，五十万斛乃经三年。臣前被诏，有可以便国利民者动静以闻。臣闻郑、白之渠，远引淮海之粟，溯流数千，周年乃得一至，犹称国有储粮，民用安乐。今求于牵屯山河水之次，造船二百艘，二船为一舫，一船胜谷二千斛。一舫十人，计须千人。臣镇内之兵，率皆习水。一运二十万斛。方舟顺流，五日而至，自沃野牵上，十日还到，合六十日得一返。从三月至九月三返，运送六十万斛。计用人功，轻于车运十倍有余，不费牛力，又不废田。

刁雍造船表（出自《魏书》）

刁雍造船运粮（复原场景）

"十六字"灌溉制度（出自《魏书》）

太武帝诏书

知欲造船运谷，一冬即成，大省民力，既不费牛，又不废田，甚善。非但一运，自可永以为式。今别下统万镇出兵以供运谷，卿镇可出百兵为船工，岂可专废千人？虽遣船匠，犹须卿指授，未可专任也。诸有益国利民如此者，续复以闻。

北魏太武帝造船运粮诏书（出自《魏书》）

第二组
唐渠流玉（隋唐水利）

　　隋代初期，经过 20 多年的疏浚整治，奠定了拓展灌溉的基础。唐太宗"灵州会盟"后，突厥等少数民族内迁于灵州等地，出现民族相融、边防稳定的盛景。各地筑堤引水，垦荒开田，引黄灌溉得到较大发展，卫宁灌区成为新的灌溉开垦区，灌溉面积超过 100 万亩，造就了"兵食完富""水木万家"的"塞上江南"。

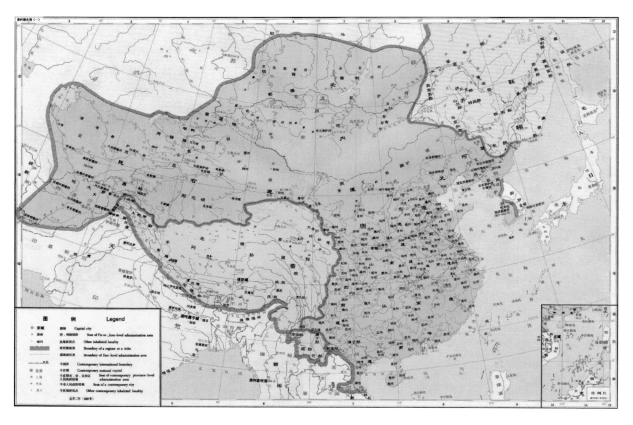

唐代疆域图（出自《中国历史地图集》）

　　唐代前期，宁夏平原的引黄灌渠主要有薄骨律渠、特进渠、汉渠、光禄渠和七级渠 5 大干渠，汉渠有胡渠、御史渠、百家渠、尚书渠等 8 条支渠，形成了干渠南北贯通、支渠纵横交错的自流灌溉系统。宁夏水利进入第二次建设高潮。

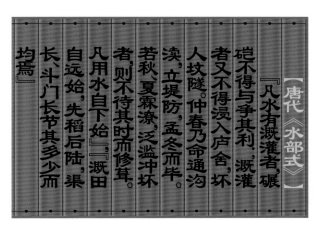

唐代《水部式》

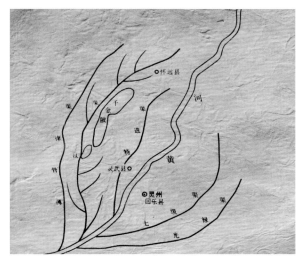

唐代宁夏引黄灌区渠道示意图（作者：杨新才）

唐徕渠

　　唐徕渠又称唐梁渠、唐槐渠，俗称唐渠。是宁夏引黄灌区最大的一条灌溉干渠。开凿于汉代，原古渠口开于青铜峡出口 108 塔下。《宋史》卷四八六载："兴、灵则有古渠，曰唐来，曰汉源，皆支引黄河。"《万历朔方新志》记载"唐渠，意亦汉故渠而后复浚于唐者"。民国十六年（1927 年），新修成的《朔方道志》中首次将"唐来渠"改写成"唐徕渠"。民国时期，唐徕渠渠长 212 公里，渠口最大进水量 65.6 立方米／秒，灌溉农田 46.7 万亩。现今，干渠长 191 公里，最大引水流量 152 立方米／秒，灌溉面积达 123.1 万亩。

20 世纪 30 年代唐徕渠引水堤

20 世纪 50 年代唐徕渠引水渠口

20 世纪 50 年代唐徕渠进水闸

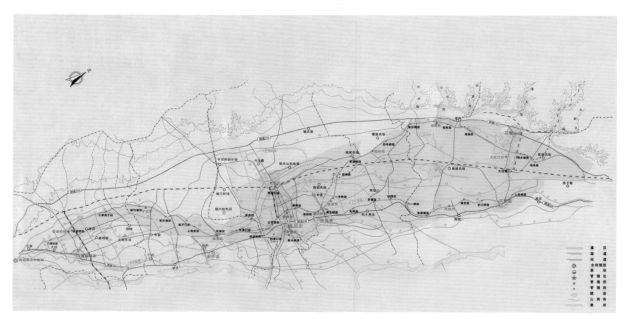

唐徕渠灌区图（2008 年）

20 世纪 60 年代唐徕渠进水闸

改造一新的唐正闸（2019 年）

修唐徕渠碑记

清·通智

我皇上御极以来宵衣旰食轸恤民隐以万民衣食之源在於水利於雍正四年六月间特命侍郎臣通智与原任侍郎臣单畤书在宁夏查汉托护地方开惠农昌润二渠筑新渠宝丰二县招徕户口安插种大工将竣在於雍正八年五月间荷蒙圣恩复念唐徕汉延等渠灌溉地亩宁郡民食攸关其间道湃岸废弛损坏若不补修将来难以经理以臣通智在宁开浚渠道自然明悉者会同臣等钦奉上谕详勘确估三渠工程难以并举奏请先修唐渠奉旨依议欲此欲遵伏查唐渠自始莫可考究观其形势自青铜峡百八塔寺下分河流为进水口由大坝统宁城逾平罗水於西河绵亘三百零八里沿贺兰山一带田地均资灌溉逾稽志泉名曰唐来渠元时行省郎中董文用河渠投举刘元帅始於西河决口宽百余丈每年用草石兴工筑浚水石造遂水石南合力工程浩大岁修於司其事者多用河渠投举郭守敬曾加增设岁修口由中董文用河渠犹系木植至明隆庆间督效力文辉汪文辉始易木为石后一百六十余年县分布兴工起自进水口其迎水势冲决水势既下难以挽之使上且安澜闸底高水背又被冲刷倾坏仍循旧迹自上流另开宽百余丈造遂浚添而重修且退水归入倒流河反与大清河涨既闸底既闸底蹋四空石闸一间以及碑亭廊房数间而退水会归於龙王庙因旧迹而用自正闸后抵月牙湖脑三工自正闸后抵月牙湖脑三工自坝三十丈水小将束之入渠水涨既下湿出以杀急端上且安澜闸底高水背又突万落底展修广湿之凡退水甚利闸一座关边水出即折激湍之使平薄曾加之使高宽者展之使高宽者坝一遇大水小将束之入造三墩四空石闸一座名汇畅宁安闸闸底高南码头又沙石淤塞射刷湃不但大湖因制而田地时遗湖泡三墩四空石闸一座长三里零八丈抵和硕墩又二里八分零二丈抵西浮沙弥漫水内淤澄甚厚湃岸低薄分为五工自和硕墩抵化桥又二里一分零十丈渡三墩四空石闸一座长三里零八丈抵和硕墩又二里八分零二丈抵马桥又二十五里六分为三工渠尾淤塞余水即泄入诺素湖一遇水大则湃漫田渠口抵正闸前计九里三分零八丈抵和硕墩又二里七分零一十七丈抵喇嘛桥又二十一里一分零一丈抵马桥又二十四里一分为三工渠身太窄淤嘴岸多分为三工渠尾淤塞余水即泄入诺素湖化桥又二里三里二分零十一丈抵大渡口又二十一里七分抵满达喇嘛桥又二十三里一分抵车市桥又三十八里七分渠身大小双峪洞底隘狭坝身夫喜谷失浚修不但淤者去之使平薄曾加之使厚低重修并展造桥十三间闸座十九里三分零八丈抵月牙湖脑渠尾淤塞余水即泄入诺素湖一遇水大则湃漫田口抵正闸前计九里三分零八丈抵和硕墩又二里七分零一十七丈抵喇嘛桥二十六里一分零二丈许且将尾稍引入西河水有攸归地亦可垦凡渠内水缓沙多淤澄因对偏坡转嘴相度斜射冲刷之势布设诺素湖化桥又二里三里二分零十一丈抵大归河且退水归入倒流河反与大清河涨既闸底既闸底蹋四空石闸一间以及碑亭廊房数间而退水会归於龙王庙因旧迹而用自正闸后抵月牙湖脑三工自正闸后抵月牙湖脑三工重修并展造桥十三间闸座十九里三分零八丈抵月牙湖脑渠尾淤塞余水即泄入诺素湖一遇水大则湃漫田归河且退水归入倒流河二十六里一分零二丈许且将尾稍引入西河水有攸归地亦可垦凡渠内水缓沙多淤澄因对偏坡转嘴相度斜射冲刷之势布设诺素湖化桥又二里三里二分零十一丈抵大抵保安桥又二十一里七分抵满达喇嘛桥又二十三里一分抵车市桥又三十八里七分渠身大小双峪洞底隘狭坝身夫喜谷失浚修不但淤者去之使平薄曾加之使厚低重修并展造桥十三间闸座分抵保安桥又二十一里七分抵满达喇嘛桥又二十三里一分抵车市桥又三十八里七分渠身大小双峪洞底隘狭坝身夫喜谷失浚修不但淤者去之使平薄曾加之使厚低重修并展造桥十三间闸座归河且退水归入倒流河反与大清河涨既闸底既闸底蹋四空石闸一间以及碑亭廊房数间而退水会归於龙王庙因旧迹而用自正闸后抵月牙湖脑三工自正闸后抵月牙湖脑三工重修并展造桥十三间闸座

二十六里一分零二丈许且将尾稍引入西河水有攸归地亦可垦凡渠内水缓沙多淤澄因对偏坡转嘴相度斜射冲刷之势布设柴梁柳土堡土培厚内外相需可免冲决桥座一十有七皆添木补修新开渠尾架桥二座以通往来又於正闸梭尾及西门桥切受水险湖加帮柴梁柳土堡土培厚内外相需可免冲决桥座一十有七皆添木补修新开渠尾架桥二座以通往来又於正闸梭尾及西门桥柱剖划分数形势势兼察湖底准底石十二共地厚六尺以均地亦可垦凡渠内水头背土培厚马头背土培厚马头背土培厚力即在工文武员弁协办宁夏道府厅县亦莫不欢欣鼓舞不遗余力於四月十有四日工竣放水是役也皆仰体皇上爱养斯民之至意而竭蹶从事不遗余大工以济落成之后规模一新渠流充畅高下地亩优渥沾足万姓欢腾群歌帝德惟愿后之司其事者毋怠忽以从事勿肥己以病民则渠水无壅之虞而亿万斯年宁民得享盈宁之庆矣是为记

唐徕渠无坝引水

唐徕渠自青铜峡 108 塔下引水，通过长达 16 里的引水堆引黄河水入渠，渠口宽 20 丈，可引黄河五分之一或四分之一的水量，渠口后方筑有功能相当于溢流堰的"大跳"和三道退水闸以及一座正闸。引水堆是将卵石装入筐内在水中堆积而成，中间填充柴草加固。闸门则通过在石闸墩中间"插杠子"的方式来调节水量，需水量大时，向退水闸中间多插入几根杠子以阻挡过水，需水量小时，则把木杠子排列稀疏一些。唐徕渠无坝引水工程，足可与都江堰相媲美。

唐徕渠无坝引水（复原图）

李听（公元 778—839 年），唐代将领。亦作李昕，字正思。洮州临潭（今甘肃省临潭县）人，名将李晟之子。元和十五年（公元 820 年）六月，任灵州大都督府长史、灵盐节度使。修复已废塞多年的光禄渠。历任十镇节度使，封凉国公，加太子太保。

李听（中国画）

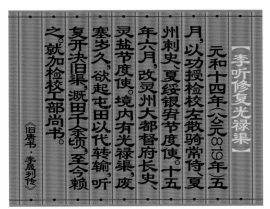

李听修复光禄渠（出自《旧唐书》）

水窖产生

唐代时期，宁夏南部山区劳动人民与干旱长期斗争，创造了建窖蓄水技术，开始兴建水窖，蓄积雨水，供人畜饮用。"安史之乱"后，吐蕃占据宁夏南部，在石城山上"中凿石为五井，井各阔一丈余，以贮水"。

宁夏西吉县火石寨唐代水窖遗存

唐代镇渠铁牛

1950 年春天，水利部门在青铜峡大坝二闸湾处清理唐徕渠时，从渠底出土一尊铁牛，铁牛耳下镌有"铁牛铁牛，水向东流"字样。同时在铁牛身下挖出数十斤唐代开元通宝和五铢钱。时据北京文物部门分析：铁牛有可能系唐代疏浚该渠时敬铸的镇渠"神牛"。相传古唐徕渠闸口常被河水冲坏，渠常决口或改道，为保唐徕渠坚固及水流通畅，特敬铸此牛。20 世纪 60 年代被毁，该铁牛系 1978 年 9 月据上述事实而重铸的复制品。

送卢潘尚书之灵武
（唐）韦蟾

贺兰山下果园成
塞北江南旧有名
水木万家朱户暗
弓刀千队铁衣鸣
心源落落堪为将
胆气堂堂合用兵
却使六蕃诸子弟
马前不信是书生

唐徕渠镇渠铁牛（复制）

第四单元
西夏开渠——宋·西夏水利

　　五代十国及北宋之初，社会经济未因改朝换代而发生大的波动，长期以来运行的灌溉渠道仍继续发挥作用。公元 1002 年，党项族迁至灵州后，"引河水灌田"，发展农业。颁布了《天盛改旧新定律令》，创造了草土围堰技术。引黄灌区河渠纵横，旱涝无虞，"地饶五谷，尤宜稻麦"，成为党项族赖以为生的"膏腴之地"，灌溉面积达 160 万亩。

西夏开渠 ——宋·西夏水利展区

开昊王渠场景

在贺兰山下，青铜峡至平罗300里长的工地上，数以万计的人们正在开渠。有各族民众、士兵、监工，他们有的在挖，有的在抬，有的在背、撬、凿、夯、抱，干得热火朝天。远处的工地上，炊事班正忙着做饭，维修部里的劳工们正仔细修理着用坏了的工具。总体上看，当时工程十分浩大。从现在银川平原的渠道走向来看，昊王渠的渠线是当时最高的。

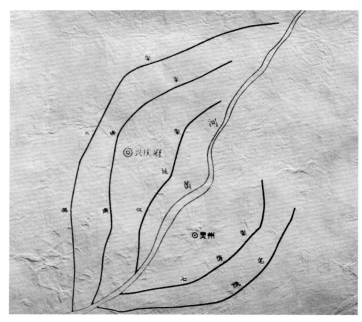

宋夏时期宁夏引黄灌区渠道示意图（作者：杨新才）

开昊王渠（复原场景　全图）

开昊王渠（复原场景　局部）

郭守敬《行视西夏河渠》（出自《元史》）

昊王渠遗址青铜峡市甘城子段

昊王渠遗址贺兰县暖泉农场段

卷埽

中国传统河工技术。用秸、苇料或梢料加土及石料，分层铺匀，卷成埽捆，连接若干个埽捆可修筑成护岸或堵截决口。

卷埽

卷埽是先择宽平之所为埽场。埽之制，密布艾索，铺梢，梢艾相重，压之以土，杂以碎石，以巨竹索横贯其中，谓之心索。卷而束之，复以大艾索系其两端，别以竹索自内旁出。其高至数丈，其长倍之。凡用丁夫数百或千人，杂唱齐挽，积置于卑薄之处，谓之埽岸。

《宋史·河渠志》

卷埽的记载（出自《宋史》）

至正四年夏五月，大雨二十余日，黄河暴溢，……并河郡邑济宁……等处皆罹水患，……朝廷患之，遣使体量，仍督大臣访求治河方略。十一年四月初四日，下诏中外，命鲁以工部尚书为总治河防使，……发汴梁、大名十有三路民十五万人，庐州等戍十有八翼军二万人供役，……八月决水故河，……诸埽诸堤成。两岸埽堤并行。作西埽者夏人水工，征自灵武；……以蒲苇绵腰索径寸许者从铺……相间复以竹苇麻絙大纤，长三百尺者为管心索，就系绵腰索之端于其上，以草数千束，多至万余，匀布厚铺于绵腰索之上，捲而纳之，丁夫数千，以足蹈实，推捲稍高，即以水工二人立其上，而号于众，众声力举，用小大推梯，推捲成扫，高下长短不等，大者高二丈，小者不下丈余。又用大索或互为腰索，转致河滨，选健丁操管心索，顺扫台立踏，或挂之台中铁猫大橛之上，以渐塠之下水。

《元史·河渠三》

元代卷埽的治水记载（出自《元史》）

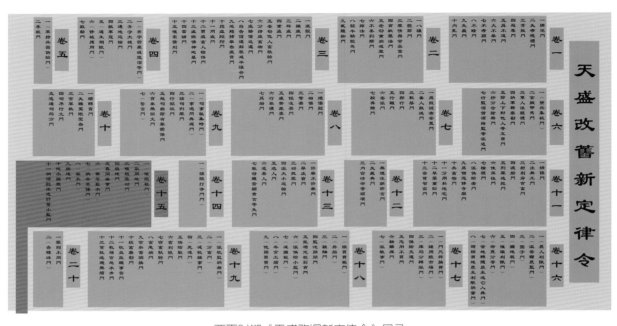

西夏时期《天盛改旧新定律令》目录

俄藏黑水城文献

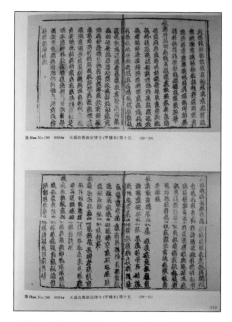

西夏文《天盛改旧新定律令》相应内容

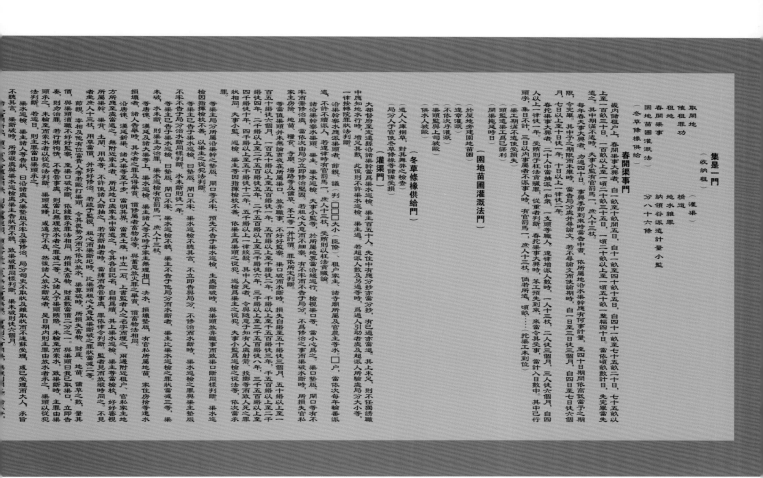

《天盛改旧新定律令：卷十五》（水利管理法规）

第五单元
长渠流润——元、明、清、民国水利

　　元、明、清时期，社会相对稳定，少有战乱，推行重农务本、奖励开垦，为水利恢复和规模发展创造了条件。大面积疏浚"废坏淤浅"旧渠，大规模开挖新渠，宁夏平原河东、河西、卫宁灌溉系统基本形成。治水技术进一步成熟，山区引泉水灌溉初步发展，"封、俵"等"分灌之法"逐步推广。宁夏引黄灌区进入了稳步发展时期。

长渠流润——元代水利展区

第一组
郭公浚渠（元代水利）

　　1226 年，成吉思汗率大军第 6 次征讨西夏，引黄灌溉渠道遭到彻底毁坏。1264 年，元世祖忽必烈派遣副河渠使郭守敬随中书左丞张文谦"行省西夏"，督责地方官员率民众限期"兴复滨河诸渠"，恢复了西夏时期的渠道，灌溉面积达 100 万亩，宁夏平原灌溉农业重现生机。

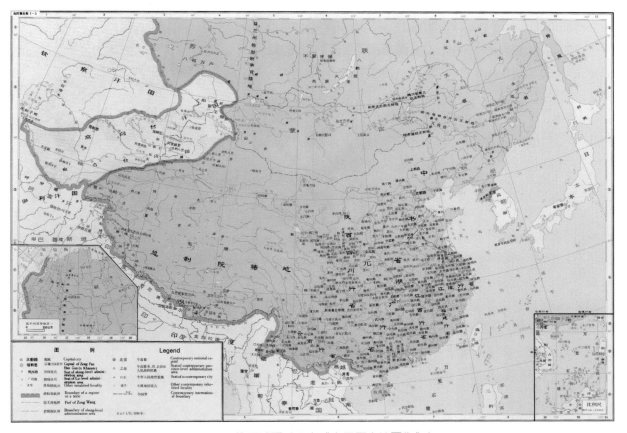

元代疆域图（出自《中国历史地图集》）

郭守敬（雕塑）

郭守敬

郭守敬（1231—1316 年），字若思，刑台（今河北邢台）人。元朝时期的天文学家、数学家、水利工程专家和仪器制造专家。曾担任都水监，负责修治元大都至通州的运河。1276 年修订新历法，经 4 年时间订出《授时历》，通行 360 多年，是当时世界上最先进的一种历法。

郭守敬治水

西夏灭亡 37 年后，郭守敬随张文谦来宁夏治水，开始水利工程修复。当时有人主张废弃旧渠，另开新渠，郭守敬提出"因旧谋新"，否定了另开新渠的主张，认为重点应放在修复疏通旧有渠道上。经过实地勘察，他提出建滚水坝以减弱水势，在渠道引水处筑堰以提高水位，建渠首进水闸以保证渠道有充足水量，建退水闸以调节流量等技术方案。在水利建设中普遍采用了新的工程技术，修筑了渠、堰、陂、塘，修建了水坝和水闸（斗门）。共修复疏浚兴、灵、应理、鸣沙等四州主干渠 12 条、支渠 68 条，

郭守敬设计的简仪

使 9 万余顷土地恢复了灌溉。这次修复的沿河渠道坝闸，设计精细，质量坚固，直到明代中期还在继续使用。郭守敬从兴筑水渠到建筑水坝和水闸，是人类由储水到控水技术上的一个飞跃，是人工灌溉史上的一大进步。

郭守敬设计及使用过的观星台

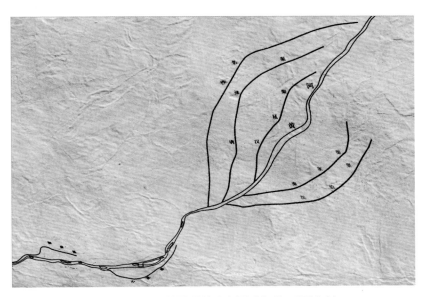

元代宁夏引黄灌区渠道示意图（作者：杨新才）

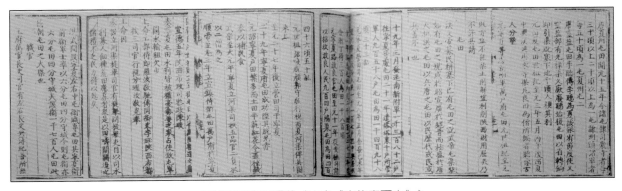

元代宁夏屯田记载（出自《宣德宁夏志》）

第二组
边镇治水（明代水利）

　　明洪武九年，大批迁移江南等地民众于宁夏各卫，开展军民屯垦，恢复元末战乱毁坏的渠道。以巡抚都御史王珣、佥事汪文辉、河东兵备张九德等为代表的宁夏地方官吏先后请夫用兵，疏浚 11 条"古之旧渠"，开凿 6 条新渠，扩大了引黄灌溉面积。南部山区修建水窖，发展引泉水灌溉。弘治时期，灌田达 133.5 万亩。引黄灌区"稻粱蘩藻，嘉于南国""天下屯田积谷，宁夏最多"。

长渠流润——明代水利展区

明长城遗址宁夏青铜峡段

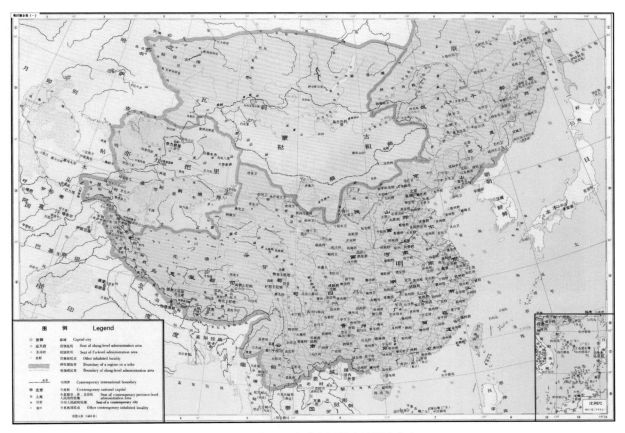

明代疆域图（出自《中国历史地图集》）

明代河渠提举司衙门（复原场景）

张九德讨论修堤保城（复原场景）

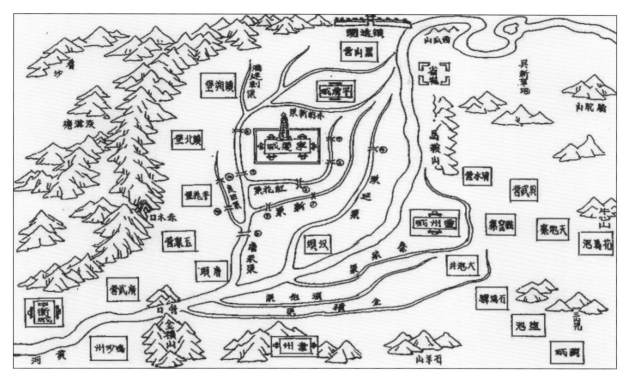

国朝混一宁夏境土之图（出自嘉靖《宁夏新志》）

明代初期宁夏引黄灌区干渠长度和灌溉面积					
明渠名	现渠名	明初长度（公里）	现长度（公里）	明初灌溉面积（万亩）	现灌溉面积（万亩）
唐来渠	唐徕渠	200.0	191.0	118.27	123.1
汉延渠	汉延渠	125.0	102.0	—	46.1
秦家渠	秦渠	37.5	60.0	9.00	16.1
汉伯渠	汉渠	47.5	43.0	7.30	23.4
羚羊渠	羚羊寿渠	22.5	32.31	2.60	5.84
七星渠	七星渠	21.5	119.0	2.10	30.8
蜘蛛渠	美利渠	29.0	116.0	3.00	35.1
白渠	—	21.0	—	1.70	—
中渠	—	18.0	—	1.20	—
石空渠	跃进渠	36.5	—	1.70	—
枣园渠	跃进渠	17.5	—	0.90	—

王珣（1440—1508年），字德润，山东曹县人。元代户部尚书、福建行省左丞王茂五世孙，明宪宗成化五年（1469年）进士，官至都察院右副都御史。在宁夏为官期间广开河渠，修设边防，增垦田粮，加强了地方治理。编修《宁夏新志》，成为重要历史文献资料。

王珣（中国画）

开渠　王珣

滚滚河流势显哉
平分一派傍山来
经营本为防胡计
屯守兼因裕国裁
此日劳民非我愿
千年乐土为谁开
老臣喜得金汤固
幕府空闲卫霍才

造坝　王珣

河流两派绕边城
保障平当一半兵
不为板桥频建置
肯将敢信居民逸
百年创经营
此日应知水惠平
渠道汉唐依旧是
山川形胜总生成

王珣开渠

明朝前期，宁夏地处边远，接近鞑靼，军民杂处，汉羌混居，地方不安，军备不强。弘治十一年（1489年），王珣升为都察院右副都御史，奉命巡抚宁夏。到任后，经过调查，定下了"先守后战，先安内而后御外"的备边方针。先从为民兴利着手，领导军民开凿贺兰山渠，扩大屯田，引水浇灌大石滩，改沙漠为良田。又减免赋税，奖励生产，使边民得到休养生息。

弘治十三年（1500年），巡抚宁夏都御史王珣"请出京帑银三万两，并借支灵州盐司课之直给其费"，在西夏吴王废渠的基础上，开凿靖虏渠，"一以绝虏寇，一以兴水利。但坚不可凿，沙深不可浚，财耗力困，竟不能成，仍为废渠"。同年，王珣还"役夫三万余名，费银六万余两"，在灵州西南金积山口创开金积渠。然因渠行之处"遍地顽石，大皆十余一丈，锤凿不能入，火醋不能裂"，亦成废渠。

经历李耀、千户刘楫司公务。役出于军夫，千户刘楫石取诸金积山。甃砌惟坚，二闸屹然。经始，公谕役者，是用为式。可次第举之。诸执事任劳益淬，民亦欣欣相慰，孰不争先而超赴也！丙子秋，唐坝亦相继告竣。迨丁丑四月，汉坝亦相继告竣。坝之旁置减闸凡十。中塘、底塘及东西厢、南北厢，各覆以石。上跨以桥，桥之上穿廊轩宇，豁然算瞻，临流而溯源，诚塞北奇观矣。夏人兴禹功河洛之思，谋勒碣以记数公之永永。刘君等以请于越东孙子，孙子曰："事每相待而有成，为民事者，终始相乘，乃克有济。故萧曹丙魏，自古称之，以其画一而同万心也。是役也，汪公创之，其施未竟，天将启其机以有待乎？道旁之室耳。今共怀永图，一弹力而万姓捐俸，百年之利，岂云厥功甚钜。盖君子苟有利於生民，不必谋自己始，功自己出。彼数公者，心同而量弘，度越古今万万矣！其天为夏民，俾相待而共济之，君是耶？休风协美，数公更用诏将来。仆未易举。兹特述其水利云。

汪文辉（生卒年月不详），明代大臣，字德充。江西婺源县人。嘉靖四十四年进士。隆庆四年（1570年）改工部主事御史。隆庆五年（1571年），任宁夏佥事，决定将汉延、唐徕二渠木质进水闸改建为石闸，这项工程历时六年，直到1573年在继任解学礼、周有光任上全部完工。从此，汉唐二坝安如磐石。

汪文辉（中国画）

汉渠春涨
朱栴

神河浩浩来天际
别络分流号汉渠
万顷膄田凭灌溉
千家禾黍足耕锄
三月雪水桃花泛
二月和风柳眼舒
追忆前人疏凿后
于今利泽福吾居

20世纪30年代汉延渠石质正闸

20世纪30年代唐徕渠石质正闸

汉唐二坝记
（明）长史 孙汝汇

黄河由昆仑，积石入峡口，达宁夏东西，直流而北。东作渠引流曰汉渠，汉之西曰唐徕，自董文用、郭守敬开导授民，其利远矣。逸今渠久浸淤，岁发千夫浚之，木植劳费，不啻万计。昔谓黄河独利于夏，兹困也孰甚？

隆庆壬申，宪大夫汪公恫念民隐，登览流渠，怃然叹曰："是闸也，木也，洪涛冲溢，非木可支，盍易石为砥柱乎？…"乃议于中丞柳庵张公，总督晋庵戴公，奏请改筑，报曰可。公沾沾喜，谓可以殚厥谋虑也。

爰画方略，审势绘图，每坝设闸六，闸用石若几，督抚公人试之。无何公擢尚宝，授工各迁去。工将兴而未就，众议纷然，事几寝。万历癸酉，中丞念山罗公抚夏，先忧首询厥役，巫闸之督府毅庵石公矣。会甲戌宪大夫解公至，徼总其事。解公曰："汪之加志于民，若此前功弗举，其责在我。"乃以协同刘君济、沈君吉、都司杨恩、守备朱三省统理，通判王、薛侃司计会张九德（生卒年月不详），字成仲，又为威仲，别号曙海，浙江慈溪（今浙江省宁波市慈溪市）人。万历二十九年（1601年）进士。泰昌元年（1620年）出任宁夏河东兵备，天启壬戌二年（1622年），晋升按察副使饬河东兵备。创建丁坝与顺坝相结合的治理黄河办法，修建灵州河堤、秦渠长堤、秦渠芦洞等一系列水利工程，首次使用"水戽"（即提水灌溉农田用的水车）。发展宁夏河东水利灌溉，促进农业生产的发展，受到百姓的一致称赞，成为宁夏地区明代治理黄河的功臣。

张九德（中国画）

余丈。功甫成，而河西徙，复由故道。视先所受啮地淤为滩，可耕可艺，去城已十数里矣。是役也，经始於天启癸亥之正月，告成於天启乙丑之四月，凡费时二年有半。费金九百一十有奇，费米麦六十石，而赈尚有余羡。念往岁议堤，请帑金万二千，业奉旨下部覆不果，今议约三千金，犹虑不足。至廑少司马公捐俸金百两，而同守卢君自立、参戎高君师孟等，亦醵助有差，然辛以有余羡，故蔺还。是皆百执事殚心经画，靡有虚糜之成效也。忆不佞初抵灵行河，筹之再三，始而秦渠堤溃水暴泄，不能灌溉，为筑长堤潴之，岁比稔。而汉伯渠又苦无尾闾，胁田皆成巨浸，因以治隄之余，为开芦洞，长十三丈五尺，高广各三丈五尺，自秦渠北岸抵洼桥，疏渠道三十里，泻水入河，复故田数百顷增税额数千石。凡费金五十六两有奇，而椿桩铁诸费不与焉。古有言："河者，天下之大利、大害也。"故周礼慎重水政，已事则忧收其利。不佞三年于此，未事其法甚备，自堤石而城无受啮，以潴蓄水，以沟荡水，而二渠之役，亦借以收其利。抑天下事，惟贤者能虑忧且释，得藉手告终事矣。是三役者，因法於古，因石於山，始，其次莫若因。因力於民，因能於众。因主裁於上，获谊喜事之辜，是皆今日所以成功之本也。例不可以无记，遂次其终始，以系之铭，铭曰：浑浑经渎，亘以金堤。顺流而西，潜於灵府。祇福下土，聿巩灵武。爰固我圉，用昌我稷黍。匪处白壁，而崇纽益。是维川后之仁，俾无逢其灾害。亦越千祀，曰宁以恭。

清水沟芦洞遗址

灵州河堤记

（明）巡抚 张九德

灵州阻河而城其西南，当河流之冲，复趋而北可十里。每夏秋湍激，受害不啻剥肤。虽秦、汉二渠，溉田至数千顷，而利与害错，其侵城甚。粤稽洪武甲子迄今，城凡三徙，皆以河故，而河亦益徙而东。自不佞来受事，不一载，去城仅数十武矣。

先是御河，岁役夫三千，束薪十万。困虑数百千金，率委诸壑。

则谓御河犹御虏也，虏拦入不逼之去，犹延之入乎？不佞且势若建瓴，而仅仅积薪委土与阳侯争，此助之决耳。计非巨石砥柱之不可，独虑费且不赀，计无出，不佞即捐月俸二百金为役者先。而谋之荐绅邑令戴君任及诸生辈，议堤以石，无所事薪，改征河西年例柴价五百金。军民愿输地基银八十两，暨诸捐助，则议

番受役，工力备矣。乃造船百艘，量田里出车，调两河营卒，更验库藏之美，合之得千四百有奇。赀用集矣，则议民间，量地亩出夫，

材具庞矣。遂请于先抚宁夏，今制台少司马介石李公，前制台、今大司徒瞻予李公，指挥孟养浩司出纳，经历李盛春备张大绶董堤务，俱报可。则以守程工作，大兴石堤之役。而议者纷若，谓滨河皆流沙，不受任石，恐辛无成功。适旋筑旋溃，众口愈嚣。予坚持之曰："此根虚易倾耳，水岂能负石而趋耶？…益令聚石投之，一日尽八百艘，三日基始定，

於是从南隅实地始，累石为堤首四十余丈，用遏水冲。继以次逦西而北，其累石亦如之，计堤长六千

美利渠

美利渠原名蜘蛛渠，其创修年代不详。据明王业《美利渠记》："宁夏镇之西南三百里。……中卫有蜘蛛渠，长亘百里，经始开凿，志遗莫考……蜘蛛等渠之开，或皆董（董文用）郭（郭守敬）二公为之也。"清《乾隆·中卫县志》记载美利渠自元以来名蜘蛛渠，旧由沙坡头下石龙口尾开口，绕县东北至马槽湖，出油粮沟，于胜金关西入黄河。后因岸陡渠淤，口窒不能受水，嘉靖四十一年（1562年），抚军毛鹏令中卫文武职官带本卫丁夫三千人，在旧口之西6里，开凿新口，月余渠成，易名"美利"。民国时期渠道全长77公里，有支斗渠137条，灌田9.5万余亩。现今，渠道全长116公里，灌溉面积35.1万亩，最大引水量45立方米/秒。

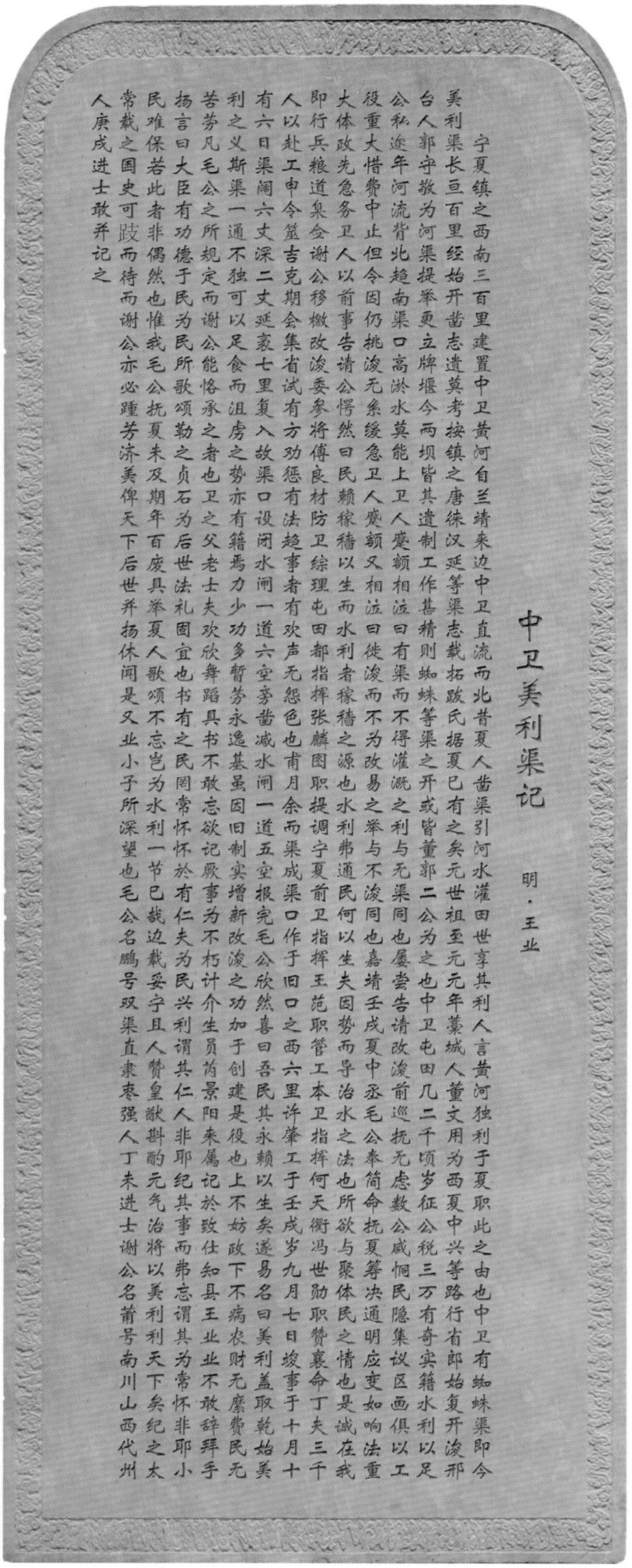

中卫美利渠记

明·王业

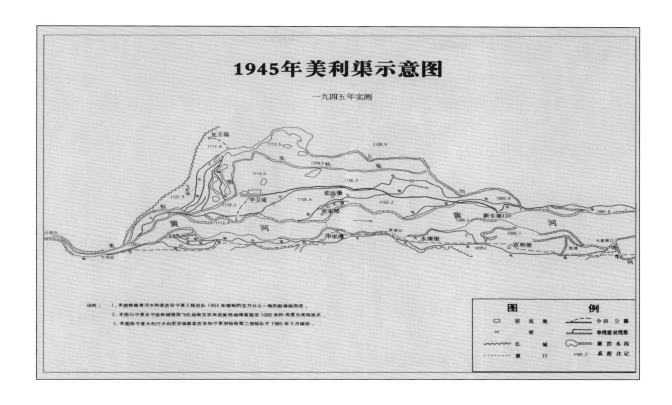

美利渠引水堤（1980 年）

明代宁夏城市水利

　　宁夏城市水利建设历史悠久，早在秦汉时期这里已修建了许多"苑囿池"。西夏时期，在今银川市"兴庆府"直至贺兰山下兴建皇家园林，已初具山水园林城市的基本格局。明代，朱元璋第十六子朱栴藩封宁夏时，大兴土木，在宁夏镇城内建造王府花园，呈现了湖在城中、城在湖中的美景。并与一些江南的被贬官员和文化人士创作了"贺兰晴雪、月湖夕照、官桥柳色"等《宁夏八景诗》，描绘了塞上如诗如画的风光。

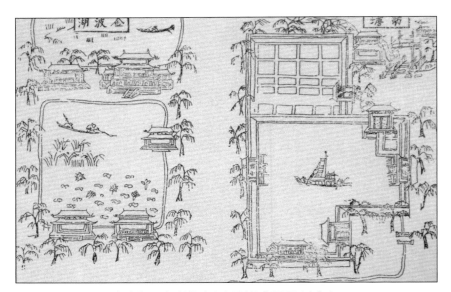

金波湖、南塘湖（出自嘉靖《宁夏新志》）

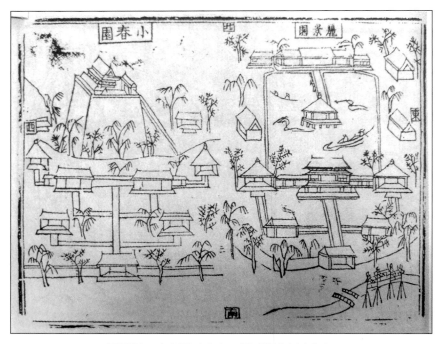

丽景园、小春园（出自万历《朔方新志》）

第三组
康乾兴水（清代水利）

　　清代初年，推行"地丁合一"制度，将"开渠辟垦"作为"务农之本"，奖励垦荒。康熙、乾隆年间大量拨发帑银，完善堤闸，新开渠道，治水技术进一步成熟。清代中叶，宁夏引黄干渠达24条，灌溉面积接近220万亩，农耕经济空前发展，"富庶甲于秦陇"。

长渠流润——清代水利展区

清代疆域图（出自《中国历史地图集》）

横城堡渡黄河

清 康熙

历尽边山再渡河
沙平岸阔水无波
汤汤南北劳疏筑
唯此分渠利赖多

康熙皇帝（中国画）

横城渡口

横城渡口是宁夏境内最古老的黄河渡口之一，位于银川市东30余里的黄河东岸。早在西夏时期就已是银川对外交流的要津。古语曾云：横城之津危，则灵州之道梗。原为明代的一座屯兵营，是明清灵武八景之一"横城古渡"的旧址，康熙亲征葛尔丹就在此渡河，距今已有500多年的历史，有着厚重的文化历史底蕴。

横城渡口遗址

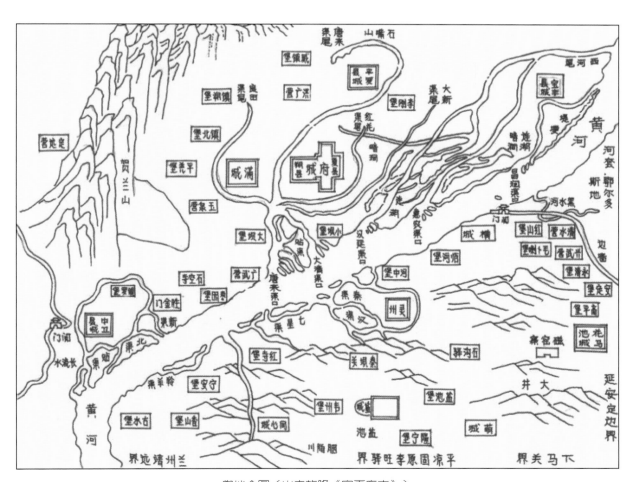

舆地全图（出自乾隆《宁夏府志》）

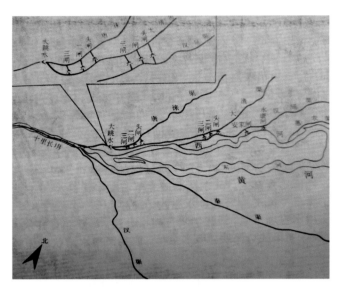

清代银川平原渠首示意图（作者：杨新才）

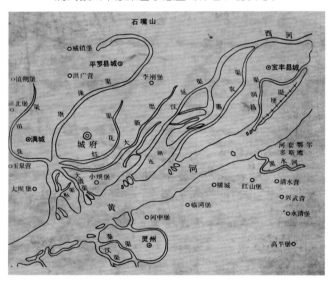

清代前期银川平原灌溉渠道示意图（作者：杨新才）

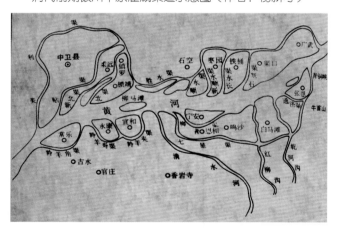

清代前期卫宁平原灌溉渠道示意图（作者：杨新才）

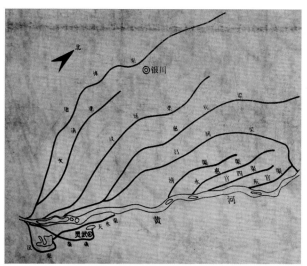

清晚期银川平原灌溉渠道示意图（作者：杨新才）

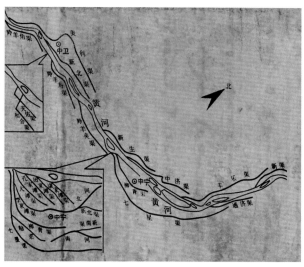

清晚期卫宁平原灌溉渠道示意图（作者：杨新才）

康熙、雍正、乾隆年间，清政府投入巨资，对老灌区进行了大规模的维修和改造，对新灌区进行了开发。持续不断地疏浚整治，使各大干渠的维护质量和引水能力达到新的水平。

清初，银川平原维修的旧渠有6条：唐徕渠、旧贴渠、新贴渠、汉延渠、秦渠、汉渠。卫宁平原维修的旧渠有11条：美利渠（蜘蛛渠）、贴渠（明中渠，后改太平渠）、北渠（白渠）、胜水渠（石空渠）、新顺水渠（枣园渠）、石灰渠、羚羊角渠、羚羊殿渠、柳青渠、七星渠、通济渠。

银川平原新修3条渠道：大清渠、惠农渠、昌润渠。卫宁平原新修5条渠道：新北渠、新渠、顺水渠、常永渠、羚羊夹渠。

清中期宁夏引黄灌区灌溉渠道一览表

	渠名	岸别	长度（万亩）	灌溉面积（万亩）	附注
1	汉延	左	115.0	38.9	
2	唐徕	左	160.0	48.0	
3	贴渠	左	40.0	—	明时的贴渠，分新旧两贴渠，灌溉3.12万亩，包括在唐徕渠灌地面数内
4	大清	左	37.5	11.2	
5	惠农	左	150.0	45.0	
6	昌润	左	50.0	10.0	
7	汉伯	右	40.0	13.0	
8	秦渠	右	60.0	13.0	
9	美利	左	60.0	5.65	明蜘蛛渠
10	贴渠	左	35.0	2.69	明时的中渠
11	北渠	左	25.0	1.18	明时的白渠，在镇靖堡
12	新北	左	15.0	1.21	在镇虏堡（今镇罗堡）
13	胜水	左	25.0	2.0	在胜金关下，灌石空寺、水兴、张义三保田
14	石空	左	36.5	0.6	
15	顺水	左	35.0	0.37	明时的枣园堡
16	新顺水	左	35.0	2.26	在枣园堡
17	长永	左	15.0	0.49	在铁桶堡
18	石灰	左	28.5	1.2	在广武堡
19	羚羊角	右	14.0	0.18	在常乐堡
20	羚羊店	右	20.0	1.29	在永康堡
21	羚羊夹	右	20.0	2.0	明时的夹河渠，在宣和堡
22	七星	右	50.0	7.91	
23	柳青	右	20.0	1.68	在宁安保
24	通济	右	5.0	0.49	在彭恩堡
			1056.5	210.3	1～6在青铜峡河西灌区灌地153.10万亩。7～8在青铜峡河东灌区，灌地26.00万亩。9～24在卫宁灌区灌地31.20万亩

王全臣（生卒年月不详），汉族，字仲山，清代湖北钟祥人，康熙三十三年（1694年）进士。历任汲县知县、河州知府、宁夏府监收同知、平凉知府、安西兵备道。任职期间，勤于务职，均粮免赋，卓有政绩。

康熙年间，贺兰渠因"河水直冲渠口，而第苦于口低身小，导引不得其方，莫能远达"。康熙四十七年（1708年）王全臣重新规划，"距旧贺兰渠口之上三里许，直迎水势，另开一口，至马家庄地方引入旧渠，而扩之使宽。行三四里，至陈俊、汉坝两堡之交，即弃旧渠而西，引水由高处行，以达于唐渠"，修成大清渠，"口宽八尺，深五尺，渠身长七十五里二分"，"东西共建陡口一百六十七道，灌溉陈俊、蒋鼎、汉坝、林皋、瞿靖、邵刚、玉泉、李俊、宋澄九堡田地，共一千一百二十三顷有余"。

王全臣（中国画）

20世纪30年代大清渠渠口

大清渠栾桥节制闸

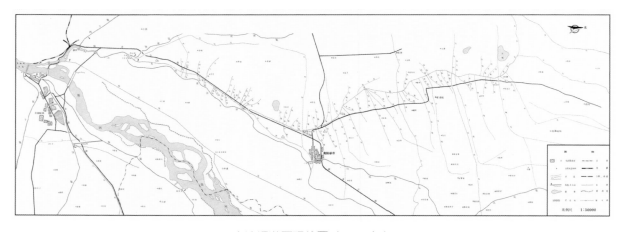

大清渠灌区现状图（2008年）

修大清渠碑记

清·涂岿颜

汉延唐来两渠之间新开渠一道阔五六支延袤七十余里东引黄流奔腾而下其势汹涌奋迅可与唐汉鼎立而为三者我司马王公所创大清渠也公历任

始于戊子之春而益渠即创开于是年之秋当其开渠时请命于观察使鞠公鞠公深悉公才即委公往营之并今水利都闻王公共襄厥事公规模奏定一若行所

无事者安闲指挥七日而渠成水利不崇朝而遍注万顷於戏盛矣夫自河势东徙以后唐口壅遏距今已数十年其职守益土暨专司水利者不知凡几也岂遂无

殚心民事而久於此者然俱不克营此公委事甫数月即洞悉其情形而力为之於以知非旦夕偶然者即我公初发议时

丞焦公之改修七星渠也三月而毕河东观察使张公之统河堤也二年而始竣沿而上之如汉唐诸渠其创作虽不可考然决非旦夕而成者即我公之所为非拘牵庸算者之所可比也岂益

众口纷若咸谓费不数千金功不二三年当无以底厥绩也公不及旬日开渠数十里而以成厥功不以为帝耳荒所在流离饥饿试思今日之饱食嬉游得享升平而歌乐土者其谁赐焉而顾可忘耶字人咸谋勒诸石以记

渠一开而九堡之荒田俱成沃壤其食公之利泽者不知几万家且九堡不借润於汉而益渠复大有助於唐是食公之利泽者又不知几千万家矣渠成於今已七

年矣吾字人左食右粥亦习以为常耳去秋西郡旱荒所在流离饥饿试思今日之饱食嬉游得享升平而歌乐土者其谁赐焉而顾可忘耶字人咸谋勒诸石以记

其事而属文於余也益得挂名石上自托不腐是则余之大幸也其又奚辞至若仿汉唐之制建立闸坝与夫造过水筧统迎水堤一切

良法美意悉载公上舒抚军书中字人已刊刻成帙家传而户诵矣益不具载是则余为记

通智（生卒年月不详），满洲人，属正黄旗，历任内阁侍读学士，大理寺卿，盛京工部侍郎，兵部左侍郎及尚书等职。雍正年间奉旨来宁夏开惠农、昌润渠，并整修唐徕、汉延、大清渠，在宁夏水利发展史上有卓越贡献。

清代以前，宁夏沿黄河东北一带之地，"水泽不能波及"荒地极多，唯苦无水，得不到开垦种植。雍正四年（1726年），兵部侍郎（时任大理寺卿）通智经过详细的实地考察勘测，组成指挥机构，开挖了惠农渠，雍正四年（1726年）六月十八日开工，雍正七年（1729年）六月十三日竣工，用时三年，费帑银16万两。由叶盛堡俞家嘴南花家湾处黄河上开口引水，渠口宽13丈，至尾收为四五丈，底深丈一二至五六尺不等，至平罗县西河乡（堡）归入西河，长300里，引黄河水浇地4000余顷。渠成后，皇帝赐名"惠农渠"，又称"皇渠"。

通智（中国画）

20世纪30年代惠农渠建瓴退水闸

20世纪90年代惠农渠进水闸、退水闸

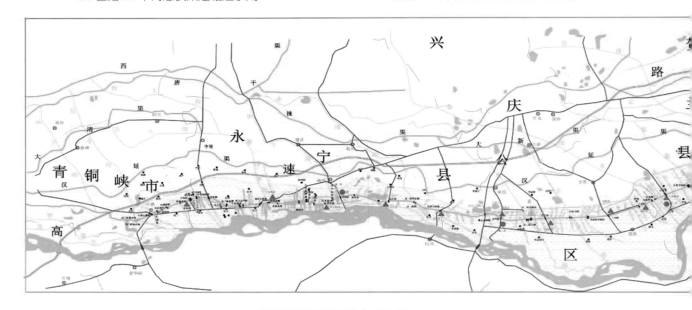

惠农渠灌域现状图（2008年）

20 世纪 30 年代惠农渠渠口

惠农渠原正闸遗址

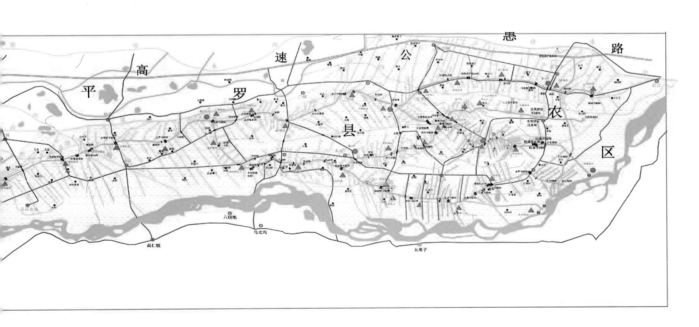

惠农渠渠口变迁年表

年代	地点	变迁原因
清雍正七年（公元1729年）	清原开口于宁夏县叶盛堡（今青铜峡市叶盛乡）俞家嘴南花家湾。	
乾隆十年（公元1745年）	上移渠口于宁朔县林皋堡（今青铜峡市林皋乡）朱家河。	
乾隆三十九年（公元1774年）	渠口又上移于宁朔县汉坝堡（今青铜峡市小坝乡）刚家嘴，至平罗县尾闸归黄河。之后又移至马关嵯与汉延渠相并。	因河流东注
光绪五年（公元1879年）	惠汉两渠相并后，因两渠争压迎水兴讼，经总督左宗棠判定马关嵯东沟为惠农渠口，西沟为汉延渠口。	王家河流水困难
光绪二十五年（公元1899年）	下移渠口于叶盛堡张家滩	原渠口冲坏
宣统二年（公元1910年）	又上移渠口于宁朔县林皋堡方家巷	河流东趋
民国三年（公元1914年）	再上移渠口于汉坝堡施家河另辟新口，宽30丈，修跳水坝2座、退水闸2座	河流东注
民国二十九年（公元1940年）	上移渠口于青铜峡出口西河内，与汉延、大清等渠同口引水，直至1960年底。	西河口河床日渐淤高
建国后（公元1961年）	由河西总干渠原唐徕渠三闸分水。到此电结束了无坝引水的历史。	青铜峡水利枢纽工程建成

惠农渠龙门桥退水闸（2019年）

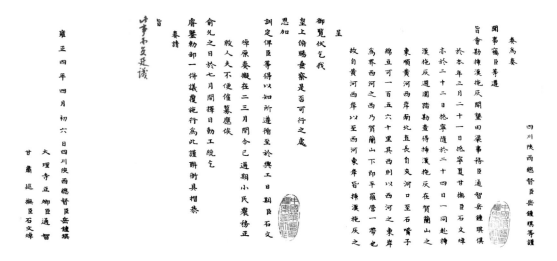

《川陕总督岳钟琪等奏踏勘插汉拖灰地方情形并陈开渠设县管见八条折》（复制件）
原件藏于中国第一历史档案馆

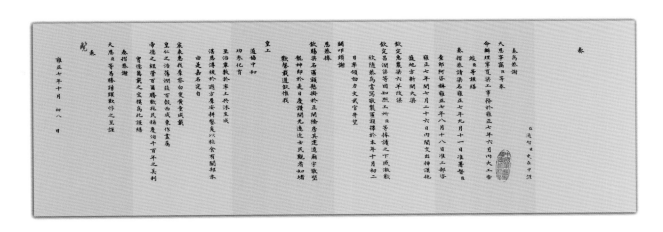

《钦差兵部右侍郎通智等奏谢钦赐插汉拖护地方渠名匾额折》（复制件）
原件藏于中国第一历史档案馆

惠农渠碑记

清·通智

黄河发源於昆仑历积石经银川由石嘴而北统鄂尔多斯六部落入黄甫川逾潼关会洄沂合淮归海源远流长而朔方一带导引灌溉厚享其利焉独查汉

托护地方沃野青壤因汉唐二渠余波所不及遂旷为牧野武皇上轸念宁夏为边陲重镇建新城设将军领兵驻防特命侍郎臣通智会同督臣岳钟琪详细踏勘

阃命臣通智偕侍郎臣单畴书专董是役复拣选在部道府州县十五员命赴工所分流其事又奏请调取官弁武举等十有二人共襄厥工万相土宜度形势以陶

家嘴南花家滩为进水口近在叶升堡之东南也黄河三百里口宽十三丈至尾收为四五丈底深丈一二以至五六尺不等高者注之卑者培之引入西河尾并归黄河建进水

而东北迤历大滩择地脉崇阜处开大渠三百里口宽十三丈全节宣吐纳进退水闸三日永护曰恒通曰万全节宣吐纳进退无虞设永固永固暗洞一以洩汉水之余水正口加郡石围

正闸一曰惠农渠建退水闸三日永护曰恒通曰万全节宣吐纳进退无虞设永泓永固暗洞一以通上下之交流设汇归暗洞一以洩汉水之余水正口加郡石围

头闸坚造石桥则渠源不惠冲决特建留洞之西黑石节以巩固之则渠梢可以永赖大渠水其田势高处割木齿石为槽以飞渡汉枝

渠之东循大河涯统长三四十里者百余里道均作陂口人民又沿渠各制小陵口小退水持留获洞放之大渠一带出之亦绝无涨漫之患任往来频以普济其枝

渠四达长七八里以至三百五十余里以障黄流泛溢於渠之西疏通西河旧淤三百五十余里以冯汉唐诸渠诸湖碱水各闸亭建诸湖碱水手房四十二所以启闭

迤置锚房三十七处稽查边汛水手房以佐大渠所不及秦请建县城二其西取材以固畔其取材亦可以供岁修至於东北隅一带地

渠之东建房三十七处稽查边汛水手房以佐大渠所不及秦请建县城二其一在田州塔南为新渠县其一在省嵬城西为宝丰县立县令以庇民社设通判以

尤广其土尤沃改六羊河为渠一百一十余里以备防汛移市口於石嘴汉惠皆建城堡於山后守御相资蒙皇恩广被又颁帑银十六万两以为招来户口恒产耕种之资由是亿兆欢呼之

用纤徽不累於民鸾始於丙午之孟秋工竣於已酉之仲夏向之旷土今为乐郊复蒙皇恩上特颁帑银十五万两以为招来户口恒产耕种之资由是亿兆欢呼之

争先趋附碑田园葺庐舍翠云遍野麦浪盈畴勤耕凿者歌帝力安陇亩者颂高深奏之九重锡以嘉名曰惠农渠退隙赤子戴先天边塞蒙民欣逢化日诚国家

万年之基而民生世享之业也爰立石而为之记

钮廷彩（生卒年月不详），镶白旗汉军籍。雍正五年（1727 年）任甘肃宁夏府知府。雍正十年（1732 年）升任分巡宁夏道观察使。曾维修过唐徕渠、七星渠、大清渠等引黄渠道，是宁夏水利建设的功臣。

钮廷彩（中国画）

钮公生祠碑（1739 年）

钮公生祠碑拓片

　　钮廷彩于乾隆二年（1737年）、乾隆三年（1738年），主持对宁夏各大干渠再次进行全面大修，并在鸣沙堡（今中宁县鸣沙镇）七星渠梢段建造石质涵洞五空，以泄山水入河，上架飞槽，以导渠水浇灌白马滩至张恩堡农田30000余亩。还于沙草滩下，增筑石砌正闸一座，"既逼山水，又畅渠流"，使大片荒地得到灌溉，许多饥民迁入七星渠新灌区，使这里"人民云集，庐舍星罗。万年荒地，尽成沃壤"。

七星渠

　　七星渠是卫宁灌区黄河南岸的主干渠之一。因渠口居柳青、贴渠、大滩、李滩、孔滩、田滩六渠之首，形若七星而得名。七星渠之名最早见明《宣德宁夏志》，其创修年代不详。《明史》记载正统四年（1439年），宁夏巡抚督御史金廉役夫疏浚。光绪二十四年（1898年）知县王树枬于渠口下鹰石嘴建进水闸（正闸）3道，退水闸2道，并于清水河入黄河口处筑拦水坝1道，以保证渠口引水量，名叫"山河大坝"。民国时渠长68公里，灌地6.7万亩。现今，干渠长120.6公里，最大引水流量58立方米/秒，灌溉面积达32.4万亩，同时为宁夏中部干旱带三大扬水工程供水。

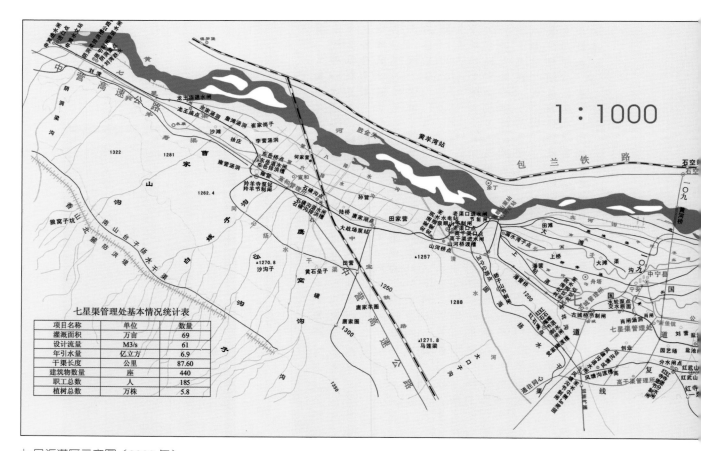

七星渠灌区示意图（2008年）

七星渠进水闸

七星渠红柳沟渡槽

七星渠单阴洞沟渡槽

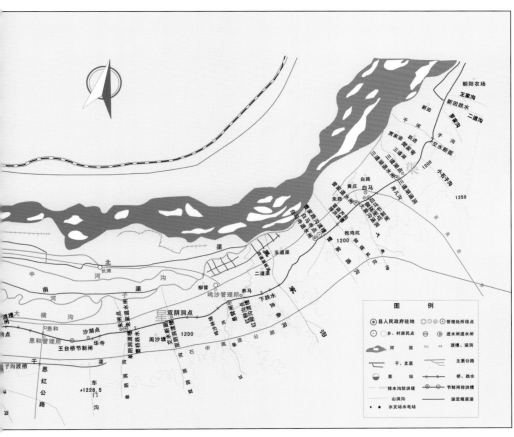

20 世纪 30 年代七星渠渠口

七星渠老渠口节制闸

改修七星渠碑记

明·谭性教

宁镇逶西三百六十余里为中卫西路东控银干北制边寇西南邻松山青海诸虏支蔓根连此款彼犯实遍处我墙下通起为难非若他路专意一面比也项

因辽左告辣大司农全饷专注於山海军士守此者既难望关中转输而商人实粟塞上又以镇城分给百中之一率下户不曕则惟赖有黄河南威宁诸堡屯田租

耳有非屯政修举忧不在虏且在军矣威宁旧有七星渠荒淤岁久滕沟圮塞加以山自固原奉驰而下洳涌澎湃岁为渠患膏沃之壤化为菜芜徒丁道益顿减

屯籍之半大中丞焦公天启丁卯东守备王先生所上诸款议以闻以百户李国桂刘幸分督之而专任韩郡丞综其事谓旧渠口上石刚且頌泰何强之以水自泄河益尊膀屯田

益谦受闸凡四丈五尺深八尺河行於凿三里许地势复高旧三空闸輸洄自口至威武一百里深阔如前八宁安故道中散者聚迅者折亢者曳潴者泄中间为宜闸

五空闸铜钱渠池湖闸凡四道站马桥贴渠横河渭凡二道委曲三空一百石梁为埂故逆而上壅则鸣沙又七里瀬瀦汤以次下於田支分脉析注玉滅珠淳贯

二丈阔山水为患湖渠上五十里古有北水口淤塞故使而东注北口近河石梁四十七丈深九尺阔一丈六尺下石梁五十三丈深

亩其山水之水引入黄河壺统崇提渠底阔十丈五尺高十一丈纵横百步障涛砥澜不使患渠是役也自三月上浣远五月凡三闸月而竣用官帑军

二丈阔者凡三千二百五十人若水供诸堡军夫适今上登极賞至军咸忧则出於本堡民自供给於外堡者计日给廪凡用官帑

民工役凡三千余省失役一千余砕極极荒废费不数千余则上毛屯吾侪小人为山河所虚不享奠民夫不水能蠲竣提足冲渠

之利者十数年矣罢露营晦荒水成费不数千余则上登极賞至军威忧呼稽颡曰今万得免于死徒以食土之毛屯吾侪小人

二百余金较始议省失适一千余砕碑極硬万余铺父老欢呼稽颡曰今万得免于死徒以食土之毛屯吾侪小人为山河所虚不

之利者十数年矣罢露营晦荒成工役凡得耕获西成若军半而功倍且远若死徒以食土之毛屯吾侪小人为父半而功倍

腹虽有火云旱魃汤年之利者十数年矣莫成费不数千余铺荒废极硬万余铺父老欢呼稽颡曰今万得免于死徒

莅也焦公行矣愿即公在赐言以勤浴膏泽沾余润焉昔史公父与西门传中丞治渠岂止利民足国且以御虏南牧功莫壹倍

报尚勤其筑浚岁岁更僕数此特其惠西路之一事云

边程材官功德难更僕数此特其惠西路之一事云

焦公之汪滅与黄流俱永乎公讳馨号蒋茊山东章邱人辛丑进士抚夏甫及一载所兴厘皆百年大计如此辽戍贵战功疏水利缮防

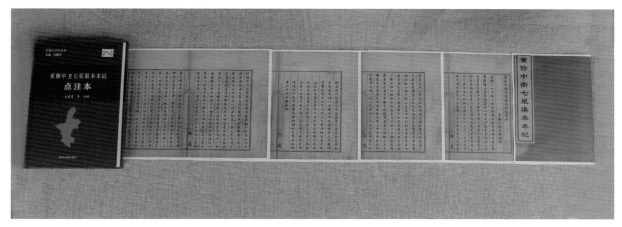

《重修中卫七星渠本末记》原本及点注本

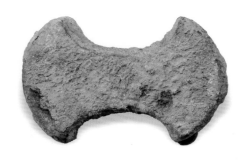

腰铁（1777年）

准底石（复制）

飞马报汛

明代开始建立黄河飞马报汛制度。清代沿袭这一做法。康熙四十八年（1709年），康熙谕令张鹏翮，"令行文川陕总督、甘肃巡抚，倘遇大水之年，黄河水涨，即著星速报知总河"。按照康熙旨意，甘肃巡抚在青铜峡峡口建立水志桩，上有十个刻度，每刻度一尺，立于峡口内大山嘴河边岩石之上。当汛期水位涨至志桩刻度时，即将水情飞马报知总督衙门，为下游防洪争取时间。从此之后，这一制度始终未变，一直实行到清末，历时202年。

第四组
落日余辉（民国水利）

　　清末至民国，军阀混战，社会动荡，民不聊生。宁夏引黄灌区基本处于维持状态，新开了云亭渠（惠农渠支渠）、湛恩渠（唐徕渠支渠）及一些滩渠。利用近代科学技术实测了耕地面积，测绘了灌区地形图和黄河大断面。中华人民共和国成立前夕，共有大小干渠 39 条，引黄灌溉面积 192 万亩。

长渠流润——民国水利展区

1936 年，宁夏建设厅"延聘专门技师，分赴各渠"，绘制全省渠流总分各图。1944 年，成立宁夏工程总队，与前黄河水利委员会第 13 测量队配合，用两年时间对引黄灌区进行全面测量，绘制万分之一地形图 83 幅，测绘黄河大断面 567 个，渠道断面 1337 个。

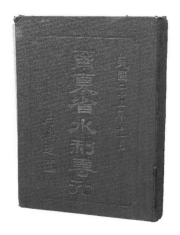

宁夏省水利专刊（1936 年）

时 间	水利管理机构名称
20世纪40年代	引黄灌区渠道维修管护由宁夏省家尹公署兼管
1928年	改设水利总局
1929年	宁夏改建行省，全省渠务归建设厅兼办
1935年	宁夏省政府第二次会议，将局长制改为委员会制，按渠系成立水利执行委员会，恢复官督民办体制
1939年1月	全省水利行政会议决定实行水利自治，按区设立监察委员会，废止渠长会审，每乡设水利管理员1人，并推行千亩长、百亩长、支渠长，实行民督民治
1940年1月	全省第二次水利会议后，裁并县区监委会，设全省水利监察委员会，各县分设驻县监察委员1人，并在建设厅增设水利工程设计组，专司测量设计
1942年	省监委会改为省水利局，隶属建设厅
1944年	黄河水利委员会成立宁夏工程总队，严恺任队长

20世纪40年代宁夏水利管理机构

1933 年春，宁夏省政府着手整顿渠务。向中央政府申请争取 20 万银元于 1934 年 10 月 1 日兴修云亭渠。从惠农渠引水，灌溉惠农渠东农田 1600 余亩。立新建云亭渠碑，树"贺兰高山千古秀，云亭长渠万世流"对联。

十五路军开挖云亭渠

20 世纪 30 年代云亭渠渠口

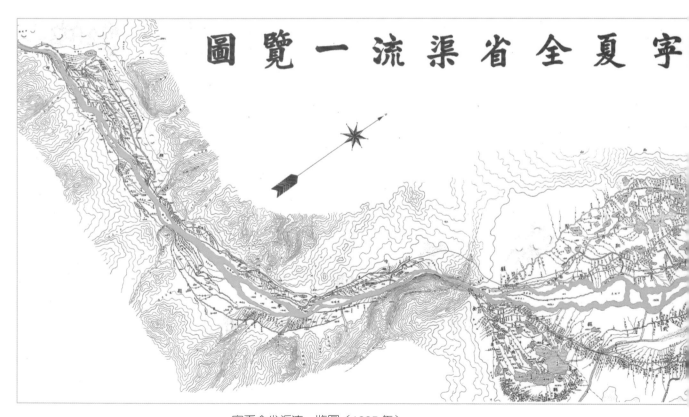

宁夏全省渠流一览图（1935 年）

 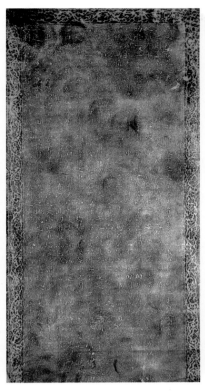 

马公少云振兴水利纪念碑（1936年） 马公少云振兴水利纪念碑拓片（正面） 马公少云振兴水利纪念碑拓片（背面）

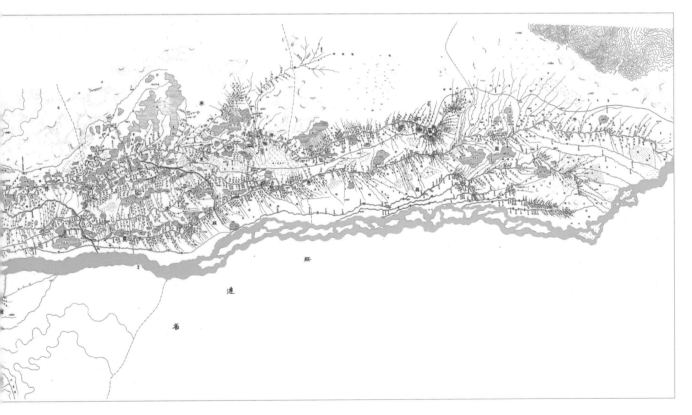

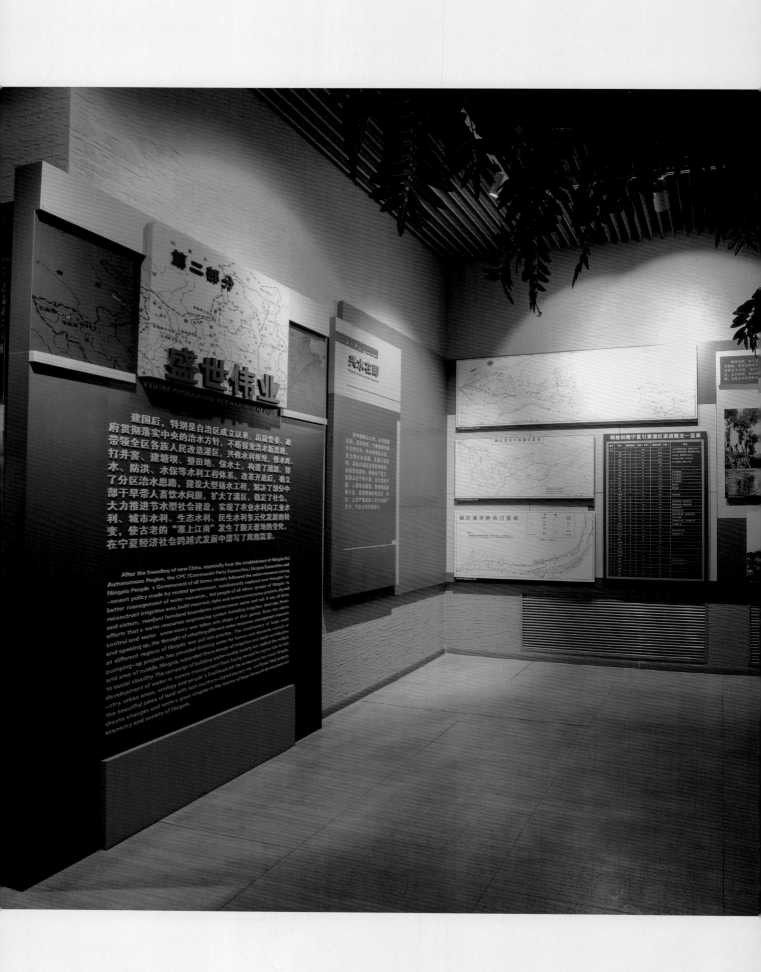

第二部分

盛世伟业

Water Resources at Flourishing Age

建国后，特别是自治区成立以来，历届党委、政
府贯彻落实中央的治水方针，不断探索治水新思路，
带领全区各族人民改造灌区，兴修水利枢纽，修水库、
打井窖、建塘坝、整田地、保水土，构建了灌溉、排
水、防洪、水保等水利工程体系。改革开放后，确立
了分区治水思路，建设大型扬水工程，解决了部分中
部干旱带人畜饮水问题，扩大了灌区，稳定了社会。
大力推进节水型社会建设，实现了农业水利向工业水
利、城市水利、生态水利、民生水利多元化发展的转
变，使古老的"塞上江南"发生了翻天覆地的变化，
在宁夏经济社会跨越式发展中谱写了辉煌篇章。

After the founding of new China, especially from the establishment of Ningxia Hui
Autonomous Region, the CPC (Communist Party Committee) Ningxia Committee and
Ningxia People's Government of all terms, closely followed the water resources manag
-ement policy made by central government, continuously explored new thoughts for
better management of water resources, led people of all ethnic groups of Ningxia to
reconstruct irrigation area, build reservoir, dyke and water conservancy projects, dig well
and cistern, readjust farmland boundaries and conserve water and soil. It was all these
efforts that a water resources engineering system including irrigation, drainage, flood
control and water conservancy was taken into shape at that period. Since the reform
and opening up, the thought of adopting different water resources management measures
at different regions of Ningxia was put into practice. The construction of large-scale
pumping-up projects, has provided drinking water for human and domestic animals at
arid area of middle Ningxia, expanded the coverage of irrigation and made much contribution
to social stability. The campaign of building water-saving society has realized the multiple
development of water resources management from being served for agriculture to industry,
urban areas, ecology and people's livelihood. All the endeavor, has made Ningxia, as
the beautiful piece of land with lush southern-typed scenery nor hd Great Wall, experience
drastic changes and write a great chapter in the course of leap-forward development of
economy and society of Ningxia.

第二部分

盛世伟业

　　中华人民共和国成立后，特别是自治区成立以来，历届党委、政府贯彻落实中央治水方针，不断探索治水新思路，带领全区各族群众改造灌区，兴修水利枢纽，修水库、打井窖、建塘坝、整田地、保水土，构建了灌溉、排水、防洪、水保等水利工程体系。改革开放后，逐步确立分区治水思路，建设大型扬水工程，解决了部分中部干旱带人畜饮水问题，扩大了灌区，促进了当地社会经济的发展。大力推进节水型社会建设，实现了农业水利向工业水利、城市水利、生态水利、民生水利多元化发展的转变，使古老的"塞上江南"发生了翻天覆地的变化，在宁夏经济社会跨越式发展中谱写了辉煌篇章。

第一单元
兴水在即

中华人民共和国成立之初，水利设施简陋，渠系凌乱，引黄渠道全部为无坝引水，供水保障能力低。受长期大水漫灌、多灌少排影响，灌区内湖泊沼泽星罗棋布，盐碱荒地遍布，粮食生产低下。南部山区干旱少雨，水土流失严重，人畜饮水困难。黄河河床游移不定，崩岸塌田时有发生。河洪、山洪严重威胁人民生命财产安全。宁夏水利百废待兴。

兴水在即展区

1945 年实测宁夏青铜峡河西灌区图

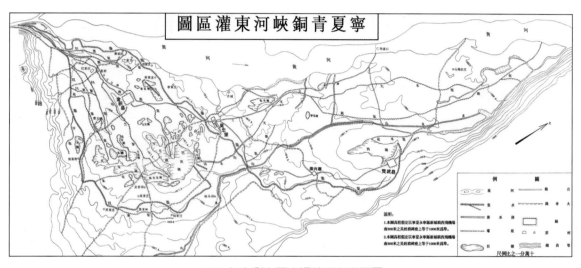

1945 年实测宁夏青铜峡河东灌区图

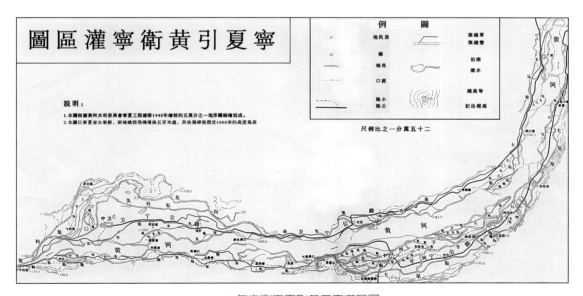

1945 年实测宁夏引黄卫宁灌区图

中华人民共和国成立之初宁夏引黄灌区渠道概况一览表

编号	渠名	所在岸别	长度（公里）	灌溉面积（万亩）	备注
总计			1432	213.77	1~10在青铜峡河西灌区，灌地128.1万亩 11~13在青铜峡河东灌区，灌地面积34.59万亩 14在中滩，灌地面积0.23万亩 15~37在卫宁灌区，47.05万亩 38~39在陶乐，灌地1.4万亩
1	汉延	左	120	34.58	
2	唐徕	左	210	46.78	
3	大清	左	37	5.97	
4	惠农	左	184	28.32	
5	昌润	左	85	7.52	
6	涝渠	左	30	1.7	
7	永惠	左	24	0.47	在平罗县境内
8	永润	左	20	1.11	在平罗县境内
9	西官	左	24	1.45	在平罗县境内
10	东官	左	16	0.23	在平罗县境内
11	汉渠	右	49	13.36	即汉伯渠
12	秦渠	右	72	18.63	即秦家渠
13	天水	右	18	2.6	
14	马家滩	右	12	0.23	在中卫中滩
15	美利	左	77	10	
16	太平	左	33	4.2	即清时的贴水、明时的中渠
17	旧北	左	20	1.73	即清时的北渠、明时的白渠
18	复胜	左	13	0.48	在中卫镇罗堡
19	新生	左	38	3.0	即清时的胜水渠
20	中济	左	32	2.4	即清时的顺水渠、明时的枣园渠
21	长永	左	8	0.6	在中宁枣园堡
22	丰乐	左	37	1.97	即清时的石灰渠，在青铜峡广武
23	新渠	左	7	0.1	在青铜峡广武
24	羚羊角	右	15	1.45	
25	羚羊寿	右	19	1.4	即清时的羚羊店渠
26	羚羊夹	右	24	3.1	即清时的羚羊渠
27	七星	右	68	8.45	
28	柳青	右	20	2.98	
29	李家滩	右	3	0.17	
30	大滩	右	7	0.35	
31	孔家滩	右	3	0.12	
32	田家滩	右	5	0.44	
33	康家滩	右	12	1.1	
34	新北	右	8	0.4	中宁北河子南岸开口
35	新南	右	6	0.53	中宁南河子北岸开口
36	黄辛滩	右	10	1.6	
37	通济	右	16	0.48	
38	利民	右	20	0.4	
39	惠民	右	30	1.0	

20世纪40年代银川街景

20世纪50年代种植水稻

20 世纪 50 年代中卫县太平渠口

20 世纪 50 年代菓子渠飞槽

20 世纪 50 年代中宁县石空寺黄河码头

20 世纪 50 年代白马滩十二道沟涵洞

20 世纪 50 年代唐徕渠大坝桥

20 世纪 40 年代黄河水车轴

20 世纪 60 年代农业生产使用过的工具

20 世纪 60 年代农业生产使用过的风车

黄河水车（复制）

第一水管所（复原场景 外部）

第一水管所（复原场景 内部）

20 世纪 60 年代水利职工使用过的草帽

20 世纪 60 年代水利职工使用过的发报机

20 世纪 60 年代水利职工使用过的水壶

20 世纪 60 年代水利职工使用过的油印机

20 世纪 60 年代水利职工使用过的手摇式电话机

第二单元
大河截流

　　1958年，按照黄河水利综合开发规划，为兴利除害，党中央、国务院决定修建青铜峡水利枢纽。全国各路水电建设大军开赴塞上，在青铜峡大峡谷出口拦河筑坝，兴建了黄河上第二座拦河大坝，开启了宁夏水利建设新纪元。2000年，乘着西部大开发的东风，兴建了标志性工程——沙坡头水利枢纽。彻底改变了宁夏传统的引水方式，结束了引黄灌区两千多年来无坝引水的历史。

大河截流展区

第一组
青铜峡水利枢纽

　　青铜峡水利枢纽，是我国唯一的大型闸墩式水电站。1958 年 8 月开工建设，1968 年第 1 台机组发电，1978 年工程全面竣工，八台机组投产发电，建设工期 20 年。1993 年又兴建了 9 号机组（唐渠电站）。大坝长 693.75 米，坝高 42.7 米。正常蓄水位 1156 米，抬高水位 18 米，设计总库容 6.06 亿立方米，总装机容量为 30.2 万千瓦，年设计发电量 14.36 亿千瓦时。在灌溉、发电、防洪、防凌等方面发挥了综合效益。20 世纪 90 年代以来，由于严重的泥沙淤积，现今库容只剩 0.4 亿立方米，基本变成了径流式电站。

1958 年 8 月 26 日青铜峡水利枢纽开工典礼　　　　　　　　1958 年前的青铜峡峡口

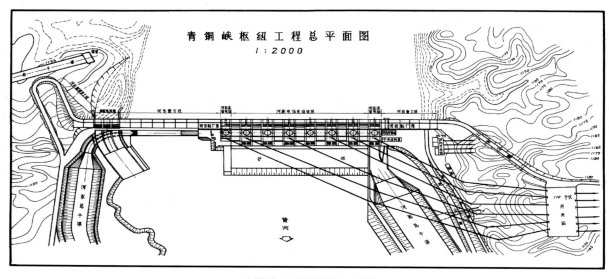

青铜峡水利枢纽总平面图

青铜峡拦河大坝浇筑现场

青铜峡水利枢纽截流

浙江知青支援青铜峡水利枢纽建设

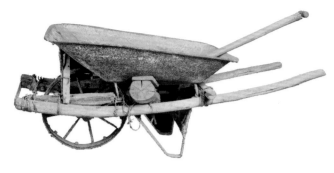

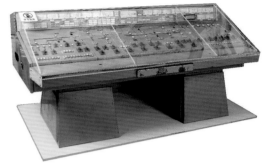

浙江知青支援青铜峡水利枢纽使用过的独轮车　　20 世纪 80 年代青铜峡水利枢纽使用过的中央控制台

　　青铜峡水利枢纽为国家"一五"重点建设项目，是当时宁夏的"一号工程"。在极其艰苦的情况下，全国各地 5000 多名水电专家及技术职工、全区 12 个市县 1.8 万多民众组成的水电建设大军，毫不气馁，锐意创造，克服建筑机械、物资匮乏的困难，完全依靠自身技术力量，边设计边施工，经过十多年艰苦卓绝的奋战，完成青铜峡水利枢纽主体建设任务。充分彰显了中华儿女百折不挠、自强不息的勇气和精神。

青铜峡大坝雄姿

俯瞰青铜峡水利枢纽

赵征、李文、万宗尧和苏联专家研究断层处理方案

青铜峡工程局安全生产手册

青铜峡工程局干部劳动手册

青铜峡水利枢纽工程截流典礼工作证

青铜峡水利工程局工作牌

（正面）

（背面）

1974年《宁夏日报》报道青铜峡水利枢纽竣工

20 世纪 80 年代青铜峡水利枢纽工程有关杂志

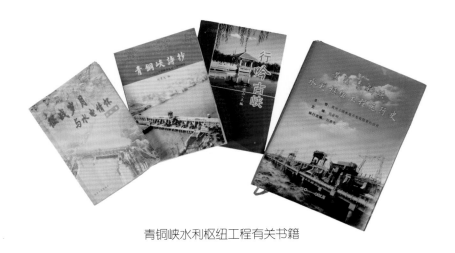

青铜峡水利枢纽工程有关书籍

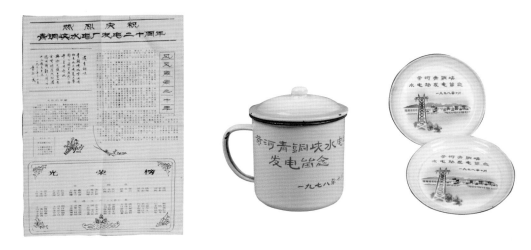

庆祝青铜峡水电厂发电二十周年内部刊物　　　1978 年黄河青铜峡水电站发电留念搪瓷缸和果盘

　　青铜峡水利枢纽建成后，结束了青铜峡灌区多条引黄古渠无坝引水的历史，节省了每年浩繁的渠首岁修费用，为新开西干渠、东干渠提供了条件。提高了引黄干渠引水保证率和供水保障能力，灌区实现了旱涝保收，引黄灌溉面积由过去的150万亩增至550万亩。减轻了黄河宁蒙河段冰凌的危害，发挥了防洪防凌作用，为宁夏经济社会发展提供了水利保障。

　　河东总干渠：由青铜峡水利枢纽8号机组尾水渠与汉渠余家桥段扩整后连接而成，从电站8号机组引水。秦渠、汉渠、马莲渠等引黄古渠经过整合，从1969年建成的余家桥分水闸引水。

　　河西总干渠：由青铜峡水利枢纽1号机组尾水渠与唐徕渠大坝营原引水段扩整后连接而成，分别从电站1号机组、9号机组（1996年）引水。唐徕渠、汉延渠、惠农渠、大清渠、泰民渠等引黄古渠经过整合，从河西总干渠引水。

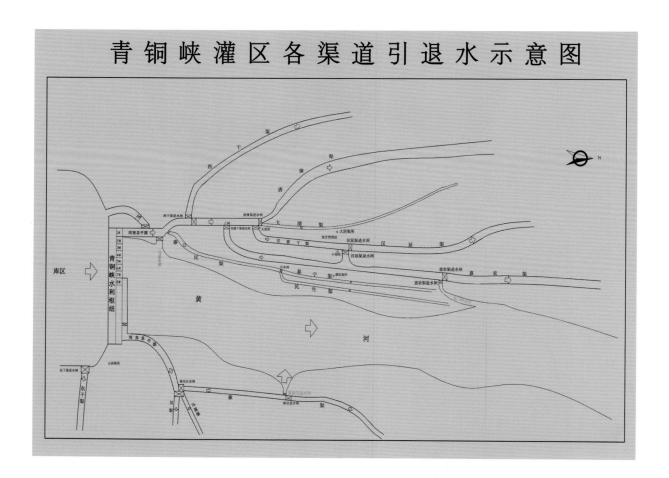

第二组
沙坡头水利枢纽

　　沙坡头水利枢纽，是西部大开发战略的十大标志性工程之一。2000年12月正式开工，2001年1月25日成功截流，2004年3月首台机组发电，2005年6月主体工程建设任务基本完成。为径流式电站，坝长868.25米，坝高36.8米，设计库容2600万立方米，水库正常水位1240.5米，总装机容量12.03万千瓦，设计年发电量6.06亿千瓦时。控制灌溉面积87.7万亩。结束了卫宁灌区两千多年来无坝引水的历史。

1967年的沙坡头黄河时景

2000年12月26日沙坡头水利枢纽举行开工奠基仪式

沙坡头水利枢纽施工夜景

沙坡头水利枢纽坝体主体工程施工

建成后的沙坡头水利枢纽

第三单元
治水方略

　　中华人民共和国成立后，在中央治水方针指引下，宁夏各族群众高举"农业学大寨"的旗帜，开展了大规模兴修水利行动。在"川区、山区"两分法治水思路基础上，宁夏水利从川区走向山区。经过多年探索，逐步确立了"北部节水、中部调水、南部开源"的治水理念，党的十八大以来，水利部门贯彻中央"节水优先、空间均衡、系统治理、两手发力"的新时期治水思路，以保障水安全为核心，以全面推行河湖长制为牵引，切实推进以系统治理为特征的治水实践，推动了水利建设事业的健康发展。

治水方略展区

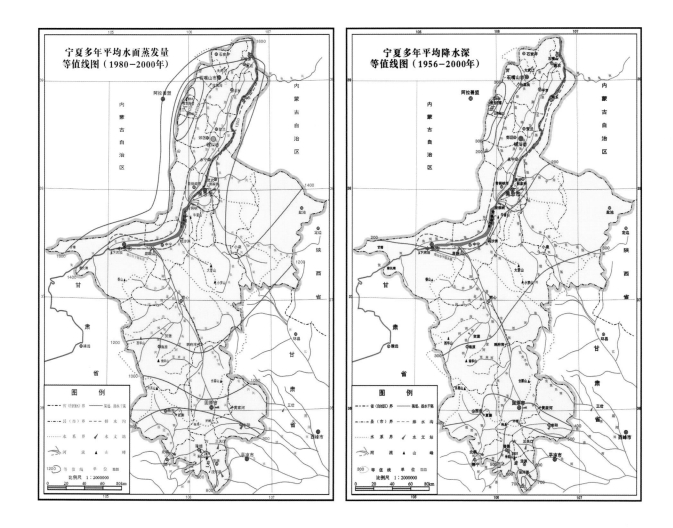

　　宁夏位于西北地区东部，地势南高北低，地处黄土高原与鄂尔多斯高原的过渡地带，海拔均在1000米以上。西、北、东三面被腾格里沙漠、乌兰布和沙漠和毛乌素沙地相围，属干旱和半干旱地区，雨少风多，蒸发强烈，降水时空分布不均，多年平均年降水量289毫米，多年平均水面蒸发量1250毫米。当地水资源量少质差，水资源总量11.63亿立方米，资源型、工程型、水质型缺水并存。黄河自中卫入境，由西南向东北斜贯于宁夏平原之上，经石嘴山出境。各行业用水主要依赖于过境黄河水。

第一组
两分法治水

　　川区水利：面积 6600 平方公里。从 20 世纪 50 年代开始，对旧有干、支、农渠进行裁弯取顺，改建增建了渠道建筑物，新开了一批干渠、支干渠，整合了 39 条引黄古渠，形成了 15 条干渠；大力整治旧沟，开挖新沟；对中低产田进行改造，灌排体系得到了明显改善，降低了土壤盐渍化，扩大了灌溉面积，增加了粮食生产。

　　山区水利：面积 38849 平方公里。中华人民共和国成立以来，改泉水，建水库，打井窖，垦荒地，修梯田，打坝地，修谷坊，种林草，有效遏制了水土流失，缓解了人畜饮水困难，改善了人民生活。

两分法治水示意图

20 世纪 50 年代山区农民修梯田

1975年山区机井建设及概况表

项目 地县	当年打井（眼）	累计（眼）	灌地（万亩）
固原地区	890	2040	10.1
固原	430	1002	4.3
西吉	270	566	3.74
海原	110	239	1.25
隆德	50	186	1.65
泾源	30	39	0.16
银南地区	434	1106	2.67
盐池	209	610	1.77
同心	67	222	0.59
中卫	31	104	0.18
中宁	17	26	0.02
灵武	110	144	0.11
合计	1324	3146	12.77

1977 年川区改造低洼田

第二组
三分法治水

北部引黄灌区：占宁夏总面积的25%，灌溉面积540万亩，灌排系统基本完善，农业用水占90%以上，节水潜力较大。以节水改造为中心，依托现有渠道、沟道、机井和湖泊湿地，合理配置水资源，通过渠沟井站及湖泊湿地联合调配，推进灌区节水改造。调整农作物种植结构，推广节水技术，提高水利用效率，优化配置地表水、地下水和洪水，加速水权转换，建设现代节水灌区。

中部干旱风沙区：占宁夏总面积的42%，土地荒漠化和沙化严重，人畜饮水困难，已发展扬黄灌溉面积165万亩。以提高扬水效率和效益为中心，依托扬水工程、工业供水工程、人饮重点工程，提高调水能力，变阶段供水为连续供水、单一供水为综合供水，拓展外延，扩大供水范围，逐步解决干旱地区民生问题。

南部黄土丘陵区：占宁夏总面积的33%，水土流失严重，是国家重点扶贫地区之一。以生态自然修复与流域综合治理并重，调引六盘山东麓相对丰沛的水资源，解决固原地区城乡人饮及发展用水问题；优化配置当地水和外调水，推行库坝塘池井窖联合运用模式，提高水资源的综合利用效率。

三分法治水示意图

北部引黄灌区

中部干旱风沙区

南部黄土丘陵区

第三组
系统法治水

党的十八大以来，水利部门深入贯彻中央"节水优先、空间均衡、系统治理、两手发力"的新时期治水思路，按照自治区实施创新驱动、脱贫富民、生态立区"三大战略"要求，以保障水安全为核心，以全面推行河湖长制为牵引，切实推进以系统治理为特征的治水实践，大力实施"统筹城乡、改革创新、节约高效、开放治水"，加快资源水利、工程水利、民生水利、生态水利、智慧水利、法治水利建设，实现了从以治水、治山、治田为重点到山水林田湖草系统治理的转变。特别是运用数字手段实施系统治水新构想的提出，着力构建了多元共治的治水体系，推动了水治理管理变革、效率变革、动力变革。

01 2015年自治区在《深化水利改革保障水安全的意见》中明确要"坚持治水与治山、治林、治田、治湖相结合，实施流域综合治理，协调解决水资源、水环境、水生态问题"，对系统治水进行部署。

02 按照系统治水要求水利厅相继出台了创新水利投融资体制机制、加快推进城乡供水一体化加快推进新时代宁夏水利现代化、宁夏引黄现代化生态灌区建设规划等一系列文件规划。

03 为全面落实中央新时期治水方针，宁夏水利厅与航天十二院联合成立了钱学森智库水治理（宁夏）研究中心，运用系统论开展现代水治理研究。

04 按照全面推进河长制率先建成了全国省级河长制综合信息管理平台，通过信息化手段搭建了宁夏水治理平台，推动涉水部门、社会公众等多元共治。

05 贯彻军民融合战略，以航天技术和钱学森系统论为手段，开展《宁夏水治理发展战略研究》。

06 全面贯彻网络强国、数字经济、网络保区部署，制定《宁夏数字治水实施方案》，探索运用数字化手段实施系统治水的新途径。

系统法治水

系统法治水示意图

105

第四单元
大干快上

　　20 世纪 50 至 70 年代，自治区党委、政府把水利建设当作为政之要，带领各族群众，以敢叫日月换新天的精神气概，掀起千军万马、大干水利的建设热潮。川区在大力兴建新渠道，开挖排水干沟的同时，全面平田整地，改造中低产田。山区大规模建水库开灌区，平坝地修梯田。水利建设出现了新的高潮，显著改善了农民的生产生活条件，奠定了水利发展的基础。

大干快上展区

第一组
川区水利

　　坚持"水利是农业的命脉"指导思想，调集民众，大规模对引黄古渠进行了整治，组织开挖了新渠，显著改变了灌区水利设施的残破面貌。进行了声势浩大的排水沟道规划与建设，建成了沟渠配套的灌排体系，降低了灌区地下水水位，改造了大面积盐碱地。经过 30 多年的建设，扩大灌溉面积 200 多万亩，大幅提高了粮食生产能力。

20 世纪 60 年代水利工程建设中使用过的
土壤盐分速测箱

20 世纪 60 年代水利工程建设中使用过的
土壤水分直读仪

20 世纪 60 年代水利工程建设中使用过的
雷磁 25 型 pH 酸度计

20 世纪 60 年代水利职工使用过的汽灯

新开渠道

宁夏平原尽管历经千载开发，仍有大面积适垦荒地。20 世纪 50 年代初，为解决筹建国营农场的灌溉用水问题，先后开挖了第一农场渠、第二农场渠等支干渠。青铜峡水利枢纽上马后，宁夏水利掀开了新的一页，各地大干快上，兴建了西干渠、东干渠、跃进渠等新的引黄干渠，扩大了供水范围和灌溉面积，使昔日茫茫盐碱滩变成五谷丰登的富饶之区。

第一农场渠

1950 年，为解决国营灵武农场及周边灌溉用水问题，省政府决定新开第一农场渠。工程于 1951 年 4 月开工，当年 10 月底竣工，11 月 9 日通水冬灌，共用14.2 万工日。从秦渠郭家桥建闸引水，渠长 31.6 公里，引水 25 立方米／秒，灌溉面积 22.2 万亩。

1975 年万人会战开挖第一农场渠梧桐渠

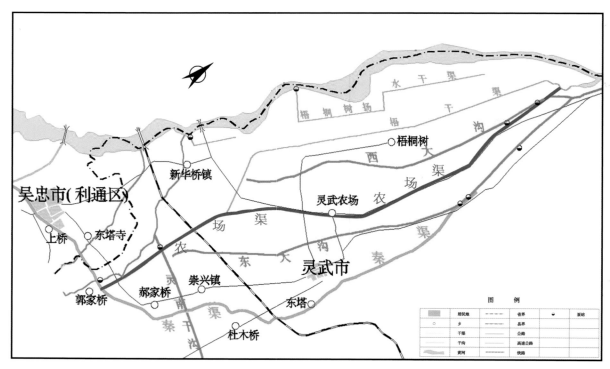

第一农场渠渠系图（2008 年）

20 世纪 50 年代水利工程建设中
使用过的水准仪

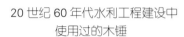

20 世纪 60 年代水利工程建设中
使用过的木锤

20 世纪 50 年代水利工程建设中
使用过的画规

第一农场渠灌域（2019 年）

第二农场渠

1952 年，为垦殖西大滩 50 万亩荒芜土地，建立西湖、南梁、暖泉、前进、潮湖、简泉等国营农场，决定建设第二农场渠。工程于 1953 年 6 月 5 日正式开工，1955 年 10 月竣工，共用 180 万工日。从唐徕渠满达桥建闸引水，经贺兰、平罗、惠农等县，尾水入第三排水沟。渠长 83 公里，引水 40 立方米／秒，设计灌溉面积 46 万亩。

改造前的唐徕渠满达桥分水闸

第二农场渠八一桥

改造后的唐徕渠满达桥分水闸（2020 年）

20 世纪 50 年代水利工程建设中使用过的罗盘

20 世纪 60 年代水利工程建设中使用过的木工尺

20 世纪 70 年代水利工程建设中使用过的架子车

西干渠

1959 年青铜峡水利枢纽围堰合龙后，为开挖西干渠创造了先决条件。工程于 1959 年 11 月 1 日开工，灌区 5 万余人参与建设，1960 年 4 月一期工程初步建成。1960 年 10 月 10 日二期工程开工，灌区 9 市县 10 万余人及 5000 多浙江支宁青年参加建设，1961 年 5 月竣工。由河西总干渠引水，沿贺兰山东麓洪积扇边缘北行，尾水于平罗暖泉村入第二农场渠，全长 112.7 公里，最大引水 60 立方米 / 秒，灌溉面积 70.6 万亩。是银川市及贺兰山沿线防御山洪的第一道屏障。

1959 年西干渠开工誓师大会

银川水利基建师参加西干渠建设

20 世纪 60 年代水利工程建设中使用过的墨斗　　20 世纪 60 年代川区水利工程建设中使用过的铁夯

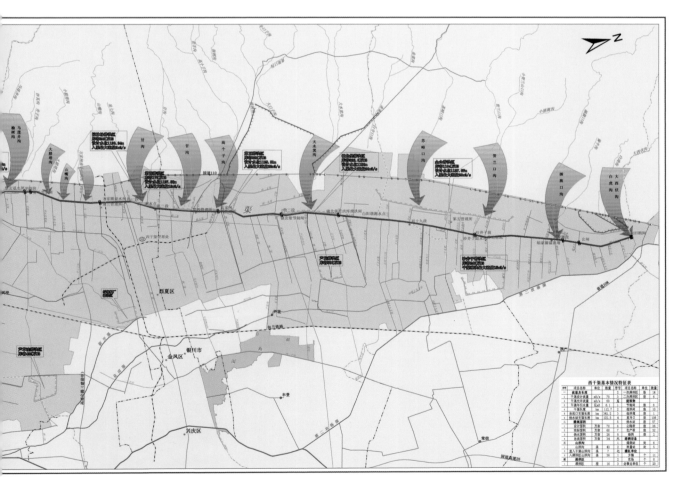

西干渠灌域现状图（2008 年）

西干渠灌域（2019 年）

西干渠进水闸（2019 年）

跃进渠

　　跃进渠，因修建于"大跃进"时期而得名，在裁并明代的新生渠、中济渠、长永渠、丰乐渠基础上扩建而成。1958年4月5日开工，来自中宁、中卫、宁朔（吴忠）、永宁、银川等地2.5万余名干部群众齐聚建设工地，当年6月5日完成主干工程，实现通水。由中卫市沙坡头区镇罗镇张园村开口引黄河水，至青铜峡市广武乡碱沟入黄河，全长81公里，引水28立方米/秒，灌溉面积18.2万亩。使中宁黄河以北大片荒地变成良田。

20世纪60年代跃进渠河沟进水闸

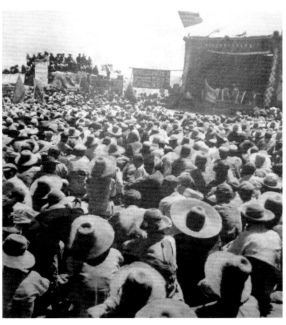

1958年中宁县举行跃进渠通水典礼

1958年中宁县开挖跃进渠

20 世纪 60 年代水利职工使用过的指南针

20 世纪 60 年代水利职工使用过的捞草叉头

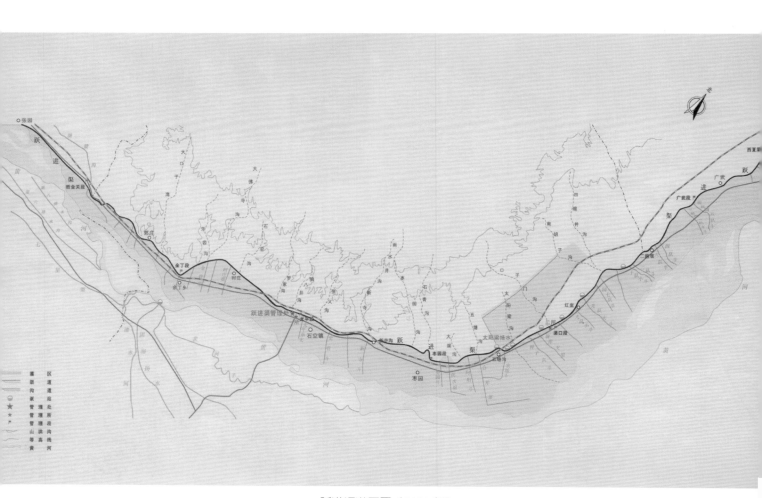

跃进渠灌区图（2008 年）

跃进渠张园进水闸（2019年）

东干渠

    青铜峡水利枢纽建成后，黄河水位抬高，为开凿东干渠和开发河东老灌区以外的大片荒地创造了条件。1961年开工后随即停工改变计划。1966年再度规划建设。主体渠道工程从1967年开始，青铜峡、吴忠、灵武三县均成立民工师，2万多人参与干渠开挖，1975年10月竣工，历经10年建成，是中华人民共和国成立后宁夏第一条采用混凝土全断面砌护渠道。由青铜峡水利枢纽坝上建闸引水，尾水入灵南干沟和汉渠，全长54.4公里，设计引水量54立方米/秒，实际引水量45立方米/秒，灌溉面积39.2万亩。

吴忠县民工师参加东干渠开工誓师大会

20世纪60年代数万人参加东干渠开挖

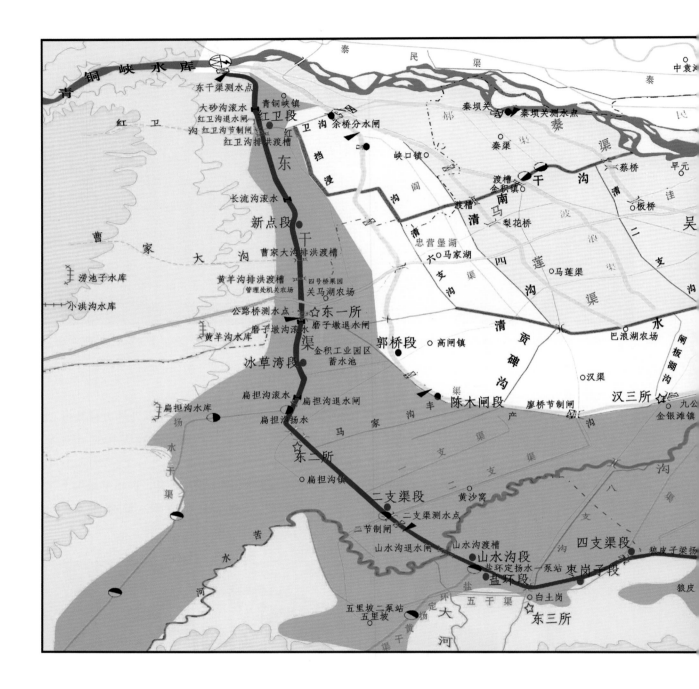

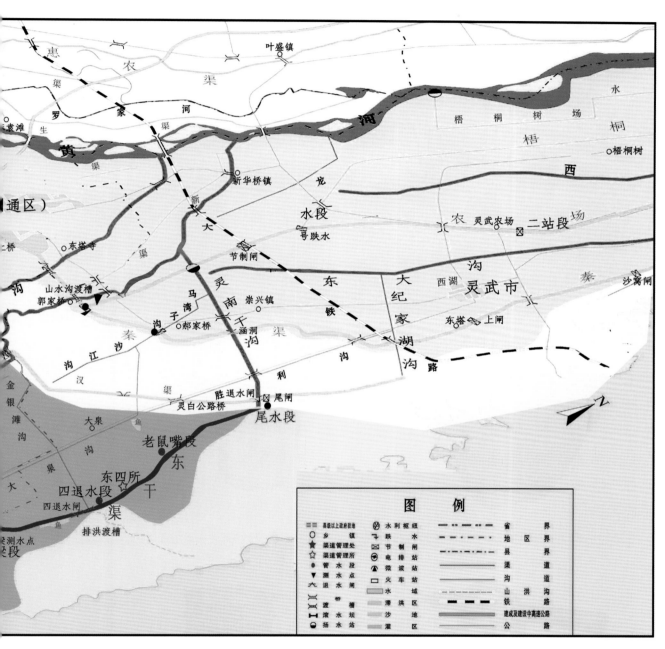

东干渠灌域现状图（2008年）

1975 年东干渠主体工程竣工通水

20 世纪 60 年代民众参加东干渠建设使用过的背斗

1975 年东干渠留念搪瓷缸

20 世纪 70 年代水利工程建设中使用过的太平仪

20 世纪 70 年代水利工程建设中使用过的石子筛

干渠裁弯与延伸改造

引黄古渠干渠弯道多、淤积严重、输水不畅、年久失修、安全隐患突出。1958年以来，各地水利部门组织进行大规模裁弯取顺，实施延伸改造，合并支斗渠，有效地提高了渠道的输水效率，扩大了灌溉面积。

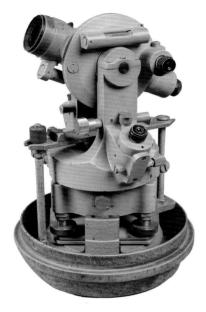

20世纪60年代水利工程建设中使用过的经纬仪

引黄渠道裁弯取顺概况表

渠道名称	裁弯年代	裁弯地点	裁弯次数	裁弯缩短曲线（公里）	备注
七星渠	1952~1985	曹桥、红柳沟等渠段	14	13	1954~1958年，将柳青渠、康滩渠等14条从黄河直接饮水的渠道合并到七星渠
美利渠	1967、1973~1978	大板槽、李家园子等渠段		17.9	
秦渠	1951~1959	细腰子、吴桥等渠段	35	22	
汉渠	1954	廖桥		3.89	干渠沿线284条支斗渠合并为128条
惠农渠	1970~1985			30.7	
汉延渠	1957~1958、1963	掌镇桥湾等渠段	40多	6.8	
唐徕渠	1951年以来	渠道上中下段		45.93	斗口减少200多座

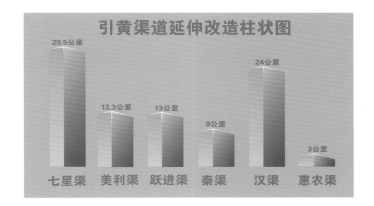

引黄渠道延伸改造柱状图

29.5公里 七星渠 13.3公里 美利渠 13公里 跃进渠 9公里 秦渠 24公里 汉渠 3公里 惠农渠

排水工程

中华人民共和国成立前，引黄灌区设施不健全，多由自然沟道排水，穿渠排水建筑物不配套，排水能力低下。受长期大水漫灌影响，灌区内湖泊棋布，地下水位高，积涝浸淹灾害普遍。自1950年起，在大力整治旧渠道的同时，新建、改建排水沟道，建设排水机井，建立了比较完善的排水系统，显著改善了历史上有灌少排的状况。

20世纪50年代吴忠民工开挖清水沟

1962 年春自治区水电局开建的唐徕渠排水涵洞工地

20 世纪 70 年代永宁县
机关干部与农民开挖排水沟

宁夏引黄灌区排水干沟基本情况表

沟道名称	长度（公里）	排水能力（m³/s）	排水面积（万亩）	所属市、县	支沟 条数	支沟 长度	建设年代
灌区合计	974.83	651.1	599.79		889	2433	
一．卫宁灌区	225.20	67.11	52.50				
中卫：第一排水沟	36.50	11.50	4.60	中卫	15		1958年
第二排水沟	20.00	3.50	3.20	中卫	220	299	1954年
第三排水沟	24.80	10.00	7.40	中卫	171	233	1959年
第四排水沟	21.76	1.50	4.50	中卫	136	195	1957年
第五排水沟	15.34	1.50	3.00	中卫	65	98	1958年
第六排水沟	12.80	4.40	3.00	中卫	65	198	1961年
第七排水沟	7.00	4.00	2.40	中卫			
第八排水沟	11.00	3.00	2.20	中卫			
中宁：北河子沟	20.70	8.00	6.00	中宁			
南河子沟	39.30	15.00	10.30	中宁			
长滩沟	6.00	2.80	2.40	中宁			
团结沟	10.00	1.91	3.50	中宁			
二．河东灌区	175.10	154.27	42.20		298	809	
山水沟	70.00	70.00	6.00	灵武、利通区	36	105	
清水沟	26.50	45.00	10.20	灵武	86	352	1952年
金南干沟	11.00	15.00	4.00	利通区			
灵南干沟	13.80	6.27	9.00	灵武	28	105	1966年
灵武东排水沟	31.80	11.00	8.50	灵武	84	168	1957年
灵武西排水沟	22.00	7.00	4.50	灵武	64	79	1957年
三．河西灌区	502.7	425.67	494.2		463	1550	
大坝排水沟	7.50	6.27	3.10	青铜峡			
反帝沟	17.20	14.60	8.00	青铜峡			1971年
中沟	20.90	14.50	7.00	青铜峡			1964年
丰登沟	16.00	14.00	7.50	青铜峡			
红卫沟	3.55	40.00		青铜峡			1973年
第一排水沟	36.00	35.00	26.00	青铜峡、永宁			1952年
中干沟	18.50	11.00	12.00	永宁	27	74	1974年
永清沟	22.60	18.50	12.00	永宁	33	68	1966年
永二干沟	25.80	15.50	17.40	永宁、银川	42	164	1971年
第二排水沟	32.00	25.00	17.00	银川、贺兰	79	21	1952年
银东干沟	16.50	11.00	3.40	银川、贺兰	7	184	1978年
银新干沟	33.40	46.00	62.00	银川、贺兰	46	237	1974年
四二干沟	53.75	35.00	60.00	银川、贺兰	31	111	1964年
第三排水沟	80.00	31.00	145.00	贺兰、平罗、惠农	47	123	1954年
第四排水沟	43.70	54.30	48.00	银川、贺兰、平罗	55	237	1958年
永干沟	17.00	25.00	7.50	永宁、银川			
第五排水沟	48.20	22.00	51.00	贺兰、平罗、惠农	96	332	1957年
第六排水沟	10.10	7.00	7.30	平罗、惠农			
四．陶乐诸沟	71.83	4.05	10.89	陶乐	128	74	1964年-1977年

2015年9月，宁夏大型灌区续建配套与节水改造项目——汉渠砌护改造工程Ⅳ标段桩号27+550处开挖渠底时，出土近28米长木制涵洞，涵洞盖板、侧墙、支柱、底板均为纯木结构，底板下铺有煤渣、碎石，制作工艺考究，结构坚实牢固，保存较为完整。据调查考证，该木制涵洞为中华人民共和国成立初期兴建清十五支沟穿汉渠时所修，以柳木为主要原料、现场刨锯加工，人力肩挑运扛，逐段铆接而成。此处展示的为其中一段，长近3米，宽1.4米，高1米。

经过60多年的建设，引黄灌区基本形成了水多排得出、水少引得进的灌排体系，农业旱涝保收，成为全国十二大商品粮生产基地之一。截至2010年，建成排水干沟42条1000多公里，排水能力600多立方米/秒，支斗农沟8.9万条4.6万公里，兴建排管机井6443眼，控制排水面积达700多万亩。

20世纪50年代水利职工测量排水沟

20世纪50年代的木制涵洞

《敢叫日月换新天》

　　20世纪50至70年代，在生产力十分低下、物资技术极度匮乏短缺的条件下，开始了千军万马、气壮山河的开挖引黄新渠建设高潮。人群中有军人、社员、干部、学生、知青、劳改犯等，少则几千人，多则达10万人。可以说，每一条新开渠道是人民群众忍饥挨饿，战风斗雪，一锹一锹挖出来的，一背篓一背篓背出来的。《敢叫日月换新天》大型油画就是新开渠道的真实写照。

《敢叫日月换新天》（油画）

第二组
山区水利

中华人民共和国成立前，宁夏南部山区大多靠天吃饭，水利工程几近为零。连年战乱，人民群众生活无人问津，遇到旱年百姓逃荒要饭，颠沛流离。中华人民共和国成立后，在自治区党委、政府的关心下，山区各乡镇调集社员，兴起"农业学大寨"热潮，开展了修梯田、治沟坡、平坝地、打水窖、建水库、开荒地等水利建设。到 20 世纪 70 年代末，在清水河、葫芦河、泾河、苦水河等干支流上兴建大中小型水库 250 多座，蓄水能力 20 亿立方米，设计灌溉面积 80 多万亩。发展了库井灌区，提高了粮食生产，解决了 50 多万人的饮水困难问题。改善了山区贫穷落后的面貌。

20 世纪 50 年代末西吉县马莲川水库建设工地

20 世纪 50 年代末隆德县八里铺修建梯田

1977 年南部山区修建大寨田

20 世纪 80 年代山区群众打井

20 世纪 80 年代原州区打窖施工工地

1958年12月开工建设的同心县张家湾水库工地

苋蔴河水库工程指挥部全体人员竣工合影留念

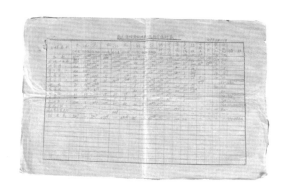

1957 年 2 月水库工程物资发放统计表

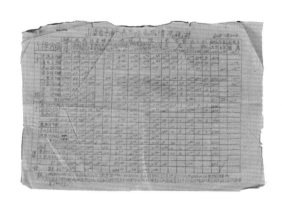

1960 年 1 月山区各水库工程完成情况统计表

20 世纪 50 年代水利职工使用过的马灯

20 世纪 70 年代水利工地中使用过的保温桶

20 世纪 70 年代水利职工使用过的医药箱

20 世纪 70 年代山区水利工程建设中
使用过的石夯

20 世纪 70 年代山区水利工程建设中
使用过的石杵

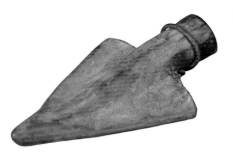

20 世纪 70 年代山区水利工程建设中
使用过的铧子

20 世纪 70 年代水利建设指挥部（复原场景）

20 世纪 70 年代山区水利工程建设中
使用过的洋镐

第五单元
水载跨越

　　党的十一届三中全会后，宁夏水利事业迎来发展的春天，各级党委、政府立足区情水情实际，解放思想，大胆实践，开创了综合治水新局面。北部引黄灌区深入实施节水改造；中部干旱带以扬水工程为基础，调水上高原，实现"水往高处流"；南部山区努力推进保水开源。大大提高了农业综合生产能力，全区粮食生产总量实现了翻两番目标，为经济社会迈向新跨越提供了有力的水利支撑。

第一组
宁夏引黄古灌区世界灌溉工程遗产

　　世界灌溉工程遗产是国际灌溉排水委员会自 2014 年开始评选的世界遗产项目。宁夏引黄古灌区历史悠久、文化厚重，完全符合世界灌溉工程遗产的评选标准，2016 年 10 月水利厅启动申报世界灌溉工程遗产工作以来，在自治区党委政府的高度重视、社会各界的配合支持和国内外专家的指导帮助下，2017 年 10 月 10 日，成功列入世界灌溉工程遗产名录并授牌。

　　宁夏引黄古灌区是世界灌溉工程的典范，是古代水利工程的经典，代表着中国古代水利工程技术的卓越成就，与长城一样是秦汉以来中国历史进程的重要见证。它不仅属于宁夏，还属于中国、属于世界，同样属于未来。为了更好地保护管理，确保永续利用，计划成立专职保护管理机构，编制保护规划，出台保护条例，制定保护标准，建设展示中心，深入挖掘研究治水历史，广泛宣传讲好治水故事，提升全区人民文化自信，助推宁夏政治、经济、文化、社会、生态可持续发展。

宁夏引黄古灌区世界灌溉工程遗产展区

宁夏引黄灌渠示意图

宁夏引黄灌溉的历史极其悠久，最早
可以上溯到两千多年前的秦汉时期，
并且延续千年，经久不衰，在今天的宁
夏平原上依然是水网纵横、渠道密布。
这些灌渠或是在古渠的基础上扩整复
建，或是在 1949 年后修筑新开，在图
中我们标示出了一些主要干渠的始建
年代，但是由于年代久远，文献缺乏，
部分成渠年代是相关专家根据文献、
考古等资料推测出的结果，尚非定论。

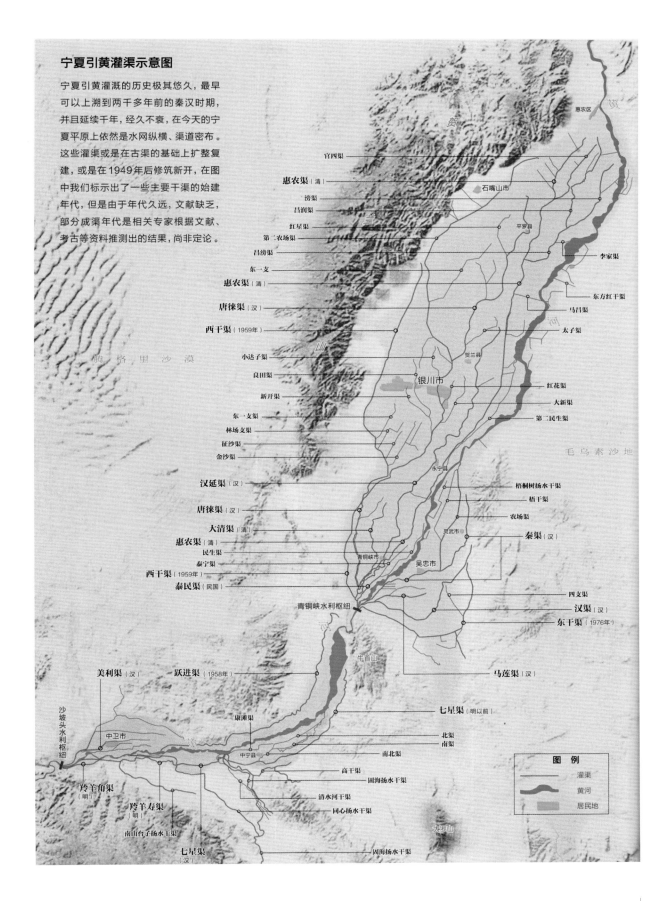

20 世纪 30 年代汉延渠春工开水后在渠口钯埽

20 世纪 50 年代治河工程中传统的卷埽施工

20 世纪 80 年代中卫县常乐水车

青铜峡河东灌区秦坝关退水闸（2019 年）

沙坡头灌区羚羊寿渠进水口引水堤（2019 年）

2017 年 4 月 29 日"申遗"万人签名活动

2017 年 6 月 2 日国家灌溉排水委员会专家组一行实地考察惠农渠引水口

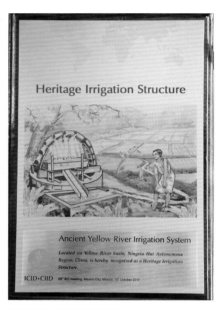

2017年10月10日墨西哥国际灌排大会上宁夏引黄古灌区成功"申遗"并授牌

世界灌溉工程遗产牌——宁夏引黄古灌区

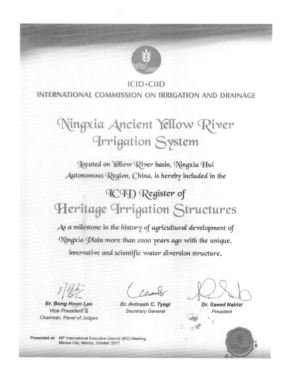

世界灌溉工程遗产证书——宁夏引黄古灌区

2017年世界灌溉工程遗产申报书

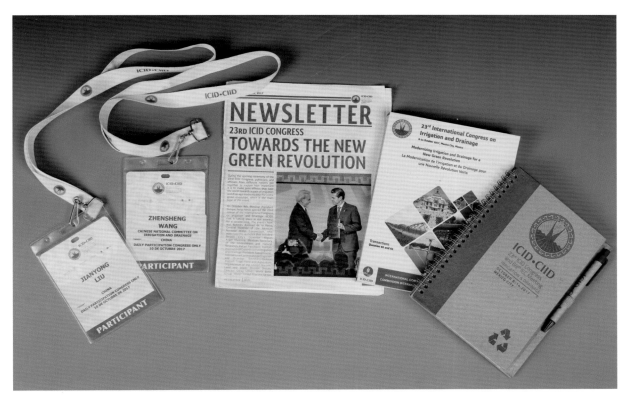

参加 2017 年 10 月世界灌溉排水大会相关资料

中国国家灌溉排水委员会给宁夏
回族自治区人民政府的贺信

宁夏引黄古灌区保护规划及保护条例

第二组
北部节水

渠道除险加固

　　20 世纪 70 至 90 年代后期，针对引黄渠道建设标准低、老化失修、险情频现、事故频出等问题，在自治区财政支持下，各渠道管理单位多方筹措资金，对渠道险工险段和重要建筑物进行更新改造和除险加固，实施防渗砌护加培渠堤，有效提高了渠道运行安全标准。

渠道决口

东干渠山水沟渡槽（2009 年）

20 世纪 70 年代灵武县华二大队改造清水沟

20 世纪 70 年代水利工程建设中
使用过的 74 型水准仪

唐徕渠节水砌护（2007 年）

灌区续建配套与节水改造

　　1998 年以来，国家启动大型灌区续建配套与节水改造项目。自治区抓住机遇，争取国家投资，以灌区节水与配套为重点，对青铜峡、卫宁、固海等灌区进行了大规模节水改造，减少了"跑、冒、渗、漏"现象，实现了北部节水阶段性目标。

青铜峡河西总干渠潜坝（2010 年）

青铜峡河西总干渠潜坝（2016 年）

1977 年唐正闸竣工留念搪瓷杯

唐徕渠、汉惠渠进水闸（2009 年）

唐徕渠、汉惠渠进水闸（2016 年）

唐徕渠穿银川城市段（2019 年）

沃野千里（2019 年）

第三组
中部调水

　　宁夏中部干旱带降雨稀少，土地贫瘠，自古以来苦甲天下。20 世纪 70 年代以来，在党中央、国务院的大力支持下，自治区相继建成 4 处大型扬水工程，将黄河之水调引到千古荒原，开发灌溉面积 165 万亩，使中部干旱带大片荒漠成为稳产高产的米粮川。从根本上解决了百万群众的安全饮水和温饱问题。在宁夏水利发展史上谱写了辉煌篇章。

中部调水展区

亘古荒原

贫瘠的村庄

几近干涸的泉水

受氟中毒的群众

漫漫驮水路

扶贫扬黄工程使荒原变绿洲

扬水工程的成功兴建，将滔滔黄河水源源不断地送上高原，发挥了重要的社会效益、经济效益和生态效益，显著改善了中部干旱带群众的生产生活条件。每年提水量达 7.3 亿立方米，灌溉 165 万亩良田，稳定解决了 130 万人、60 多万头家畜的饮水安全问题，70 多万饱受干旱之苦的山区群众搬迁至扬水灌区脱贫致富。被群众形象地称为"生命工程""幸福工程"。

固海扬水工程

固海扬水工程是宁夏建设最早、规模最大的一项电力提灌工程。由固海扬水工程、同心扬水工程、世行扩灌工程和固海工程四部分组成，是全国扬程最高、灌溉面积最大的提水工程之一。工程运行泵站 32 座，总设计流量 41.2 立方米 / 秒，净扬程 878.3 米，总装机容量 20.27 万千瓦。干渠、支干渠总长 446.36 公里。固海扬水灌区位于宁夏中部干旱带，是少数民族聚居地区，包括沙坡头区、中宁县、同心县、红寺堡开发区、海原县、原州区和国营长山头农场、中卫山羊场。灌区基本农田 98.62 万亩，特色设施农业补灌 53.1 万亩，受益人口 68.04 万。为群众脱贫致富、维护民族团结、促进社会发展做出了巨大的贡献。

同心扬水工程

同心扬水工程是宁夏第一座规模较大的电力提灌工程。1975 年 6 月始建，1978 年 5 月竣工，在中卫市沙坡头区宣和镇羚羊寺村建首级泵站，从七星渠取水，分两条支渠分别送水至同心县城和海原县李堡。共设 6 级扬水，建 7 座泵站，总扬程 253.1 米，净扬程 205.6 米，安装主机组 36 台，总装机容量 1.82 万千瓦，渠道总长 93.75 公里，设计流量 5 立方米 / 秒，设计灌溉面积 10 万亩。

同心扬水输水干渠

同心扬水羚羊寺泵站（模型）

同心扬水工程竣工资料

同心扬水羚羊寺泵站使用过的水泵叶轮

同心扬水羚羊寺泵站使用过的大型离心泵

世行扩灌工程

世行扩灌工程于 1988 年 3 月开工，1992 年 1 月竣工，在中卫市中宁县境内的大战场建泵站，从七星渠引水至同一干渠。在同心三干渠建花豹湾泵站。在固海二干渠建长一支泵站，经长二支和长三支泵站，引水至红寺堡区石碳沟乡。项目共建 5 座泵站，增加流量 3.5 立方米 / 秒，增加灌溉面积 7 万亩。

世行扩灌工程与灌区相映生辉

固海工程

固海工程于 1978 年 6 月开工建设，1986 年 9 月竣工，在中宁县泉眼山北麓黄河右岸建首级泵站，从黄河取水，共建 13 座泵站，扬水 11 级至固原市原州区的七营乡。设计流量 20 立方米 / 秒，设计灌溉面积 40 万亩，总扬程 382.47 米，净扬程 342.74 米，安装主机组 107 台，总装机容量 8.44 万千瓦，渠道总长 204 公里。

1978 年 6 月固海工程开工典礼在中宁县古城子举行

20 世纪 70 年代水利工程建设中
使用过的框式水平仪

20 世纪 80 年代水利工程建设中
使用过的手提型电动振动器

吊装固海扬水长山头渡槽

固海扬水长山头渡槽

1986 年 9 月固海扬水工程竣工剪彩

20 世纪 70 年代固海扬水管理处
使用过的便携式电话交换机

20 世纪 80 年固海扬水管理处研究调度方案

固海扬水工程建设有关文件

固海扬水工程上段放水纪念文件袋

固海扬水管理处 1986 年、1987 年水款收据

20 世纪 80 年代固海扬水管理处使用过的毫安表和余弦表

固海扬水管理处泉眼山泵站

盐环定扬水工程

　　盐环定扬水工程是为解决宁夏、陕西、甘肃 3 省 4 县 1 区人畜饮水问题，防治地方病，发展农业灌溉，改善生态环境，保障城镇和工业用水而兴建的电力扬水工程。是现今我国最大的人畜饮水工程之一。工程于 1988 年 7 月正式动工，1996 年共用工程全面竣工投入使用，共建成梯级泵站 12 座，渠道 123.8 公里，水工建筑物 231 座，总装机容量 6.59 万千瓦，最高扬程 651 米。工程从东干渠取水，设计流量 11 立方米／秒，分配宁夏流量 7 立方米／秒，陕西省、甘肃省各 2 立方米／秒。工程建成通水后，开发灌区 24.3 万亩，安置移民 4.6 万人，受水区 25.4 万人告别了饮用苦咸水、高氟水的历史，发挥了显著的社会效益、经济效益、生态效益，成为中部干旱带的生命工程。

吊装盐环定扬水工程渡槽

盐环定扬水工程泵房施工现场

1996 年 9 月陕甘宁盐环定扬水工程竣工庆典

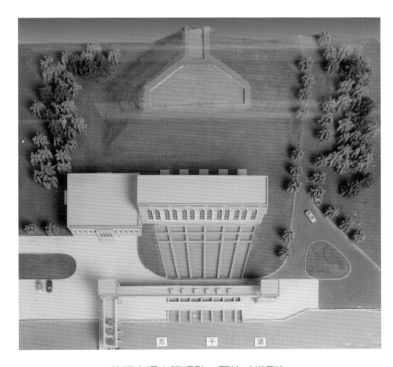

盐环定扬水管理处一泵站（模型）

盐环定扬水管理处泵站工作票

盐环定扬水管理处 1993 年水费收据

宁夏扶贫扬黄灌溉一期工程

宁夏扶贫扬黄灌溉一期工程是我国最大的移民扶贫工程之一，为解决西海固生活在温饱线以下的贫困人口而建设。规划移民100万人、开发200万亩新灌区、投资30亿元、计划6年时间建成，又称"1236工程"。由水利、供电、通信、移民和农田开发5大部分组成。工程于1998年3月开工，2005年全部建成。由红寺堡和固海扩灌两大扬水系统组成，共有骨干泵站26座，总装机容量21.5975万千瓦，一期工程设计引水流量37.7立方米/秒，年引水量5.17亿立方米，灌溉面积80万亩，安置移民40万人。为保障中部干旱带粮食安全、人饮安全和经济社会可持续发展做出了突出贡献。

1996年5月宁夏扶贫扬黄灌溉工程举行奠基典礼　　1996年5月宁夏扶贫扬黄灌溉工程奠基碑

红寺堡扬水工程

红寺堡扬水工程，1998年3月开工建设，2005年11月实现全线通水。从黄河和七星渠的高干渠取水，建设泵站14座（包括水源泵站），总装机容量11.66万千瓦；总扬程306.84米，干渠总长104公里；设计流量25立方米/秒，年引水量3.09亿立方米，灌溉面积55万亩，安置移民27.5万人，是宁夏大型节水示范灌区。红寺堡扬水工程的建成，实现了自治区政府提出的"当年开工建设，当年发挥效益"的目标，使罗山脚下大片平坦荒芜之地变成生命绿洲。

红寺堡扬水工程输水渠道建设现场

红寺堡扬水工程黄河泵站出水渡槽建设

红寺堡扬水工程黄河泵站出水渡槽

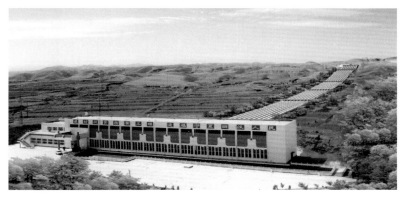

红寺堡扬水管理处一泵站

红寺堡扬水灌区使用过的柴油水泵

生机勃勃的红寺堡灌区

固海扩灌工程

　　固海扩灌工程于1999年开工建设，2003年10月竣工投入运行。在中宁县境内的古城建首级泵站，自七星渠高干渠取水，建13座泵站，扬水12级至固原市原州区的三营。设计流量12.7立方米／秒，设计灌溉面积25万亩，总扬程479.7米，净扬程429.2米，安装主机组89台，总装机容量96620千瓦，渠道总长177.38公里。

固海扩灌二干渠清水河渡槽

2003年10月宁夏扶贫扬黄固海扩灌工程全线通水典礼

第四组
南部开源

　　宁夏南部山区水资源相对丰富，但由于地形地势因素难以利用。进入新世纪以来，自治区调整治水思路，利用国家、地方、社会等多方面资金，建设跨流域引水工程，修建水源涵养和雨洪水集蓄工程，合理调节了泾河、清水河、葫芦河流域内水资源，解决了部分人畜饮水困难，保障了农村社会稳定，促进了中南部地区经济发展。

南部开源展区

水库除险加固

中南部山区水库大都建于 20 世纪 60 至 70 年代，建设标准低，建筑物配套不全或无配套设施。经过多年运行，水库淤积，老化失修，病险严重。1998 年以来，国家启动中小型水库除险加固项目，山区各县乘势而上，积极规划，加快病险水库除险加固步伐，解决了水库安全标准低、建筑物不配套、管理设施陈旧等问题，将中型水库防洪标准提高到 50 年一遇，小型水库防洪标准提高到 30 年一遇，显著提高了山区抗旱保收能力。

水库大坝建设施工

隆德县清凉水库（2003 年）

隆德县清凉水库（2010 年）

原州区贺家湾水库

原州区寺口子水库

截至 2010 年底，宁夏共有水库 311 座，"十一五""十二五"期间规划除险加固 293 座。先后安排 6.03 亿元对 86 座中小型水库实施除险加固。新增和恢复防洪库容 3.7 亿立方米，为防洪减灾、水资源配置和高效利用奠定了基础。

跨流域引水工程

1998 年以来，采取拦截蓄引措施，调配六盘山区较为丰富的水资源，先后实施了长城塬、东山坡、桃山等跨流域引水工程，解决了固原地区 6.61 万亩农田灌溉，26.8 万人、3.5 万头家畜饮水困难，满足了 10 亿元工业产值的城市供水需求。

2000 年 8 月原州区东山坡引水工程举行开工典礼

彭阳县长城塬引水工程调蓄水库——石头崾岘水库

隆德县桃山引水倒虹吸工程

山区农田水利基本建设

进入新世纪后，南部山区广大群众开展了大规模的以库井灌区配套、旱作农田整治和水土保持生态修复为主要内容的农田水利基本建设，深入开展了"六盘山杯"农田水利建设竞赛活动。群众积极参与整修梯田、复坝平地、硒砂压地，调整种植结构，发展蔬果瓜薯，为山区和中部干旱带农民脱贫致富奠定了坚实基础。

隆德县坡改梯建设

原州区淤地坝建设

库井灌区

在对病险水库进行除险加固的同时，山区对水库进行全面清淤整治，进一步增加了库容，库井灌溉面积由 20 世纪 80 年代后期的 45 万亩增加到 60 万亩，初步扭转了"等雨靠天"的被动抗旱局面。

隆德县桃山库井灌区

20 世纪 70 年代建设库井灌区
使用过的 FD-12 型发电机

20 世纪 80 年代发展库井灌区
使用过的地温表

原州区三营镇孙家河集水池

第六单元
阔步前行

　　自治区党委、政府坚持以人为本、民生优先，面对水资源严重短缺、各行业需水旺盛的实际，始终将问题最突出、矛盾最集中、群众最需要的水利问题摆在重要位置紧抓不放，多方争取项目和资金，建成了一批事关大局和长远发展的民生、工业、城市和生态等重大水利工程，实现了宁夏水利由传统水利向现代水利跨越的转变。水利事业日新月异，为兴区富民做出巨大贡献。

阔步前行展区

第一组
民生水利

　　长期以来，各级政府从群众最关心最直接最现实的问题入手，采取建设农村饮水解困工程、修建堤防、治理水土流失等综合措施，下大力气解决人畜饮水困难、河洪山洪频发、水土流失严重等事关国计民生的问题，使水利更好地惠及民生，共享改革发展成果。

农村人饮

　　历史上，宁夏部分地区群众长期饮用苦咸水、高氟水、含砷水，中部干旱带、南部山区因水资源短缺一直存在严重的人畜饮水困难。中华人民共和国成立后，各级政府采取打井窖、改泉水、建设大型扬黄工程等措施，改善了当地人畜饮水条件。20 世纪 90 年代，启动了"生命工程"、农村饮水解困、氟砷病改水和以中部干旱带为重点的农村饮水安全项目，解决了

20 世纪 60 年代固原县炭山乡群众到 20 多里外的山沟里驮水

110 万人的饮水困难和 177 万人的饮水安全问题。提高了群众的健康水平，促进了区域经济发展，维护了社会稳定。尤其是党的十九大以来，宁夏水利借鉴互联网思维，创新"互联网 + 农村人饮"模式，使更多群众共享水利改革成果。

20 世纪 60 年代农村使用过的木桶

20 世纪 70 年代农村使用过的木制起闭绞架

20 世纪 70 年代农村使用过的轳辘　　　　20 世纪 70 年代农村使用过的机动水泵

20 世纪 70 年代水利工程建设中使用过的钻头　　　　20 世纪 80 年代农村使用过的潜水泵

1996 年 6 月固原地区农民在田边打窖蓄水抗旱

彭阳县王洼水厂

彭阳县"互联网＋农村人饮"主管道安装

彭阳县"互联网＋农村人饮"远程监控

村村通幸福水

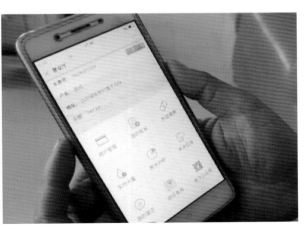

彭阳县"互联网＋农村人饮"手机缴费

在党中央的关怀和国务院的大力支持下，经过各级政府和广大群众多年不懈地努力，宁夏农村人畜饮水工作取得了显著成效。截至 2010 年，全区建成集中供水工程 560 处，土圆井、水窖集雨工程 42 万处，引泉水工程 1700 处，累计解决和改善了 335.8 万人的饮水困难和饮水安全问题，273 万群众吃上自来水。

水文勘测

水文是国民经济和社会发展的基础性公益事业，是水利的"尖兵"，防汛抗旱的"耳目"和"参谋"。中华人民共和国成立前，全区仅有青铜峡、石嘴山两个水文站。中华人民共和国成立后，水文队伍不断壮大，水文设备不断更新，水文站网不断健全，服务不断扩展，在防汛抗旱、水资源保护、水利工程管理运行等方面发挥了重要作用。为实现水利现代化提供了技术支持。

宁夏水文、雨量站分布图　　宁夏地下水观测井网分布图　　宁夏水质监测站分布图

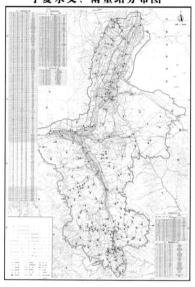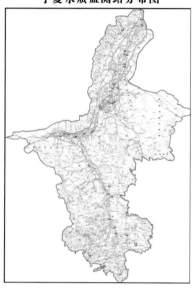

缆车观测　　　　　　　　冰凌监测

雨量监测

20 世纪 50 年代水文勘测中使用过的 LS-68 流速仪

20 世纪 50 年代水文勘测中使用过的气压计

调试黄河遥测系统

20 世纪 80 年代水文勘测中使用过的 VAX- II 型计算机

20 世纪 70 年代水文勘测中使用过的
LS-1 型流速仪

20 世纪 70 年代水文勘测中使用过的
601 水面蒸发器测针

20 世纪 70 年代水文勘测中使用过的
EL 型电接风向风速计

20 世纪 80 年代水文勘测中使用过的
SWY20 型月记水位计

20 世纪 80 年代水文勘测中使用过的
CL-801 缆道讯号接收器（宁夏水文总站制）

20 世纪 90 年代水文勘测中使用过的
BL- 水文缆道测流控制仪（宁夏水文总站制）

20 世纪 90 年代水文勘测中使用过的
YFY01 型月记雨量计

20 世纪 90 年代水文勘测中使用过的
水位报警仪

截至 2010 年，全区共有水文站 45 处，其中基本水文站 28 处，辅助站 15 处，另有水保等专用站 2 处，全区黄河干流水位站 8 处，冰情观测站 15 处，雨量站 180 处，蒸发站 16 处，土壤墒情站 20 处，固定点洪水调查和排水量调查断面 71 处，水质监测断面 38 处，地下水位动态观测井 230 眼，形成了比较合理的水文勘测网络。

治河防洪

黄河自古河势游荡、摆动频繁，民间有"三十年河东，三十年河西"之说。洪水、凌汛造成的塌岸毁地现象时有发生。中华人民共和国成立后，各级政府投入大量人力、物力、财力，采取疏浚河道、修建堤防及拦挡设施等综合治理工程措施，治理黄河洪水、凌汛。同时，针对山区和丘陵沟壑面积大、植被稀疏、易发山洪的特点，通过建水库、拦洪坝、蓄滞洪区及开辟泄洪道、河沟重要段落防护等拦蓄排办法，治理六盘山、贺兰山等山脉沿线山洪，保证了人民生命财产安全。

治河防洪展区

20 世纪 70 年代中宁县修筑河堤

20 世纪 60 年代平罗县治理黄河　　　　　　20 世纪 80 年代青铜峡市修筑河堤

1992 年 4 月宁夏整治黄河动员大会在青铜峡市召开

宁夏朔方号清淤船在清除黄河泥沙

建设拦洪库

2005年11月宁夏军区官兵在平罗县高仁段黄河塌岸抢险救灾

2010年8月12日同心县武警和消防官兵转移受灾群众

20世纪70年代防汛使用过的"飞跃"牌收音机

20世纪70年代防汛使用过的救生衣

20 世纪 80 年代防汛指挥部电话记录本

20 世纪 80 年代防汛使用过的移动电话机

20 世纪 80 年代防汛使用过的气象警报接收机

20 世纪 80 年代防汛使用过的 IC-H6 对讲机

20 世纪 90 年代防汛使用过的车载对讲机

20 世纪 90 年代防汛使用过的 HCX-3 型电话机

黄河金岸

党的十七大召开后，为实现跨越式发展，自治区党委、政府审时度势，提出了打造"黄河金岸"，推进沿黄城市带建设的战略构想。该项工程于 2009 年 4 月正式开工，2010 年 7 月全面竣工。建成 402 公里集"防洪、交通、经济、生态、文化、旅游"六大综合功能于一体的"黄河金岸"滨河大道。连通了银川、石嘴山、吴忠、中卫 4 个地级市，提高了沿黄城市防洪标准，打造了沿黄"绿肺"，彰显了沿黄城市魅力，推进了沿黄城市带建设。

黄河金岸建设工地（2007 年）

2010 年 7 月 6 日，黄河宁夏段标准化堤防竣工暨黄河金岸滨河大道通车仪式

黄河吴忠市段标准化堤防（2019 年）

黄 河 宁 夏 段 标

化 堤 防 示 意 图

图 例

堤顶宽12米　　　公　路

堤顶宽17米　　　铁　路

堤顶宽24.5米　　黄　河

宁夏回族自治区水利厅

黄河青铜峡市段标准化堤防

塞上江南全景（沙盘）

水土保持

　　宁夏是全国水土流失最严重的省区之一。中华人民共和国成立以来，广泛开展了以造林、修谷坊、建塘坝、打地埂为主的水土流失治理。改革开放后，山区坚持以大支流为骨干，以县域为单位，以小流域为单元，对山、水、田、林、草、路进行综合治理；中部干旱带实施封山禁牧、生态修复。水土保持生态建设取得了巨大成就，昔日荒山秃岭变成秀美的山川。

干旱缺水

风力侵蚀

水力侵蚀

1955 年海原县营造牌楼山水土保持林

1959 年隆德县温堡公社植树
造林的青年突击队

20 世纪 70 年代山区群众绿化丘陵

20 世纪 70 年代山区修建的造林梯田

中卫市草方格治沙

盐池县红石梁草原生态修复

隆德县柳谷坊

隆德县梯田

彭阳县水土保持

彭阳县阳洼小流域综合治理（复原场景）

　　截至 2010 年，全区累计治理水土流失面积 2.27 万平方公里，综合治理小流域 430 多条，建成
淤地坝 1100 多座，有效地治理了水土流失，显著改善了生态环境。

第二组
工业支撑

　　2000年以来，为有效地解决工业需水难题，自治区转变治水思路，通过水权转换、搭建投融资平台，采取市场和资本运作手段，以现代企业管理方式成功建设和运营了宁东、太阳山、海原新区等一大批事关发展全局的工业和城市供水工程，为自治区经济社会实现跨越式发展提供了有力水资源保障。

工业支撑展区

宁东供水工程

宁东供水工程是宁东能源化工基地重要的基础工程之一，担负着基地生产、生活供水等任务。由水源工程和净配水工程组成，水源工程从银川黄河大桥下取水，经两级泵站，送至鸭子荡水库，总扬程175米，水库库容2400万立方米，净配水工程包括一座水处理厂和42公里供水管网。于2003年12月开工建设，2006年11月全部完工，总投资7.9亿元。一期日供水能力50万立方米，是宁东能源化工基地发展的"命脉"工程。

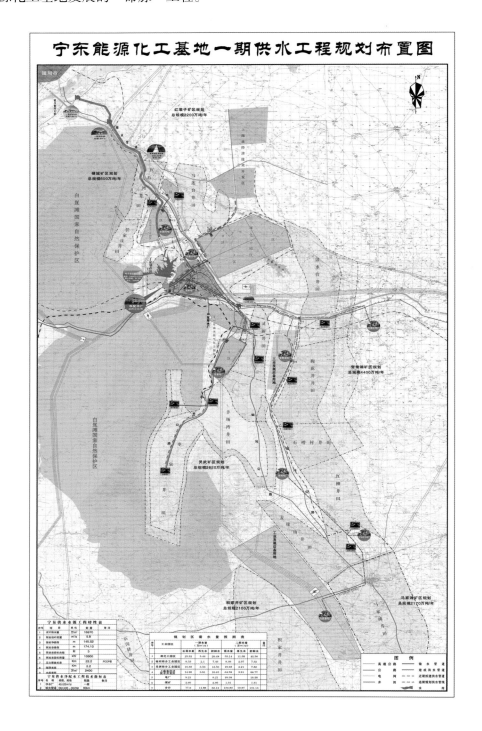

2003年12月宁东供水工程举行开工奠基仪式

宁东供水工程——金水源泵站

宁东供水工程调蓄水库——鸭子荡水库大坝施工　　　　宁东供水工程调蓄水库——鸭子荡水库

太阳山供水工程

　　太阳山供水工程主要为太阳山工业开发区工业生产、城镇居民生活和周边生态环境建设提供水源，同时为农牧民生产、生活供水。由水源工程、净配水工程、农村人饮安全工程三部分组成，调蓄水库库容980万立方米。2006年11月开工建设，2007年主体工程全部完成，投资近2.1亿元。一期日供水能力5万立方米。

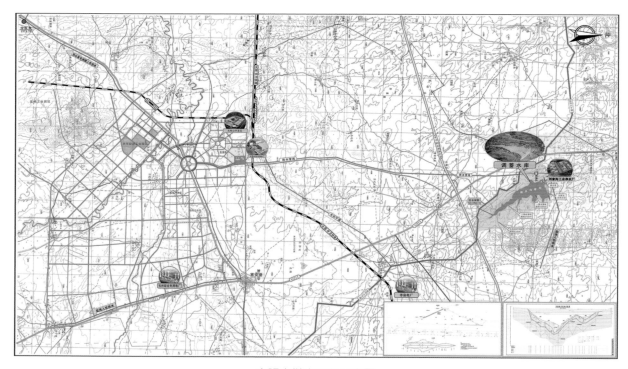

太阳山供水工程示意图

太阳山供水工程——刘家沟水库大坝回填

太阳山供水工程——刘家沟水库大坝砌筑

刘家沟水库鸟瞰图

太阳山供水工程调蓄水库——刘家沟水库

金积供水工程

金积供水工程是加快吴忠金积工业园区及新农村建设重要的水资源配置工程。由引水建筑物、调蓄水池、净配水厂、供水管道组成，调蓄水池库容 80 万立方米。2007 年 12 月开工建设，2009 年 9 月 28 日正式通水，具备向园区每天供水 6 万立方米的能力。

金积供水工程——净配水厂施工 　　　　　　　　　　金积供水工程——调蓄水池

海原新区供水工程

海原新区供水工程主要为海原县城新区建设和发展提供城市生活用水和工业用水，同时解决周边 2 县（区）6 乡镇 72 个行政村 402 个自然村 19.34 万人的安全饮水困难。由水源工程和净配水工程组成，调蓄水库库容 980 万立方米。工程于 2008 年 8 月开工建设，2009 年 5 月建成通水。投资 1.77 亿元，一期工程日供水能力 5 万立方米。

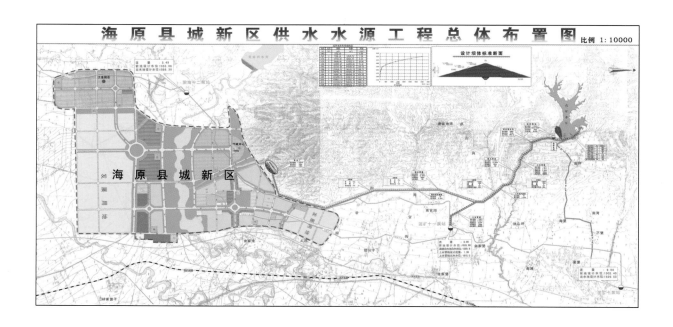

海原新区供水工程——管线施工

海原新区供水工程——输水洞施工

海原新区供水工程水源水库——南坪水库

红墩子、上海庙供水工程

红墩子、上海庙能源化工基地供水工程是内蒙古鄂尔多斯上海庙能源化工基地和宁夏宁东红墩子能源化工基地提供生产和生活用水的基础性工程。工程概算总投资 5.7 亿元。主要由水源工程和净水工程两部分组成。调蓄水库库容 1240 万立方米。2010 年 5 月开工，2011 年底建成供水。该工程的建设对于提升宁蒙两区在西部地区的战略地位作用巨大。

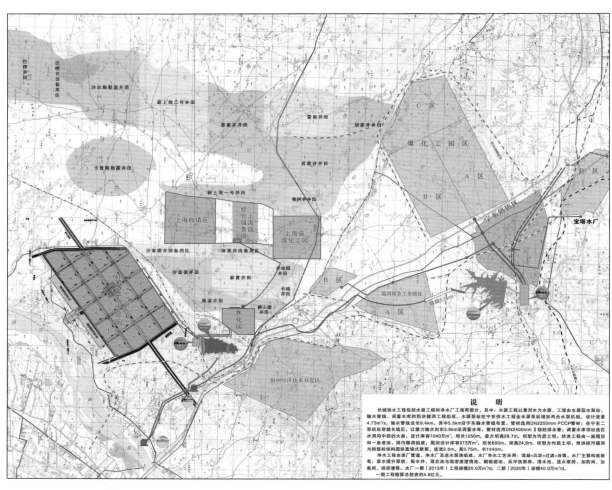

红墩子、上海庙供水工程示意图

2010年6月红墩子、上海庙供水工程举行开工奠基仪式

红墩子、上海庙供水工程调蓄水库——水洞沟水库

第三组
城市灵韵

2003 年以来，自治区大力拓展治水外延，结合河道、沟道和蓄滞洪区综合整治，建成了一系列集防洪、蓄水、排水、生态和景观多功能于一体的综合性城市生态水利工程，提高了城市防洪、治污及排水能力，改善了城市人居环境，提升了城市品位，增强了城市综合竞争力。

城市灵韵展区

青铜峡河西灌区总排水干沟（典农河）

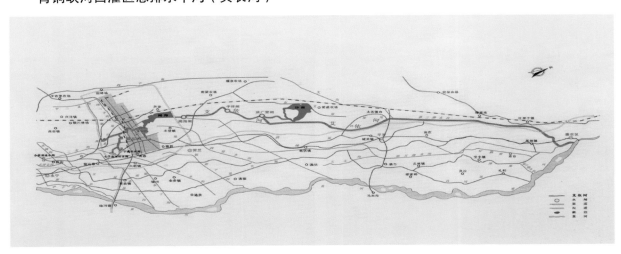

典农河示意图（2008 年）

青铜峡河西灌区总排水干沟工程（典农河），接引了贺兰山洪水、渠道退水、农田和城市排水等水资源。是集防洪排水、沟道治理、生态修复和城市景观于一体的水资源综合利用工程。南起唐徕渠永家湖退水闸，连通了阅海公园、沙湖等景观，北至石嘴山市惠农区注入黄河，全长158.51公里，控制排水面积189万亩，流经6个县（区）。

典农河阅海船闸建设施工

典农河建设施工　　　　　　　　　　整治前的典农河

典农秋韵　　　　　　　　　　　　　湖城相拥

星海湖

　　星海湖，是石嘴山市大武口区滞洪区改造提升的重点建设项目。2003年初开工，经过近5年建设，清淤土方1400万立方米，建设防洪堤106公里，修建各类导洪、泄洪建筑物54座，最大可拦蓄洪水6300万立方米。使大武口滞洪区的防洪标准从过去的不足10年一遇提高到50年一遇。

星海湖总体布局图

大武口滞洪区改造前洪水肆虐

星海湖整治建设工地

星海湖鹿儿岛

镇北堡拦洪库

镇北堡拦洪库是一座集防洪拦蓄、调蓄灌溉、生态景观于一体的水资源综合利用工程。设计总库容2170万立方米，调蓄库容1200万立方米。2005年10月开工，2006年3月如期蓄水，当年发挥了调蓄灌溉和防洪拦洪的巨大作用，保证了银川市的安全。库区面积7000余亩，使贺兰山东麓防洪标准从10年一遇提高到50年一遇。同时，解决了西干渠下游15万亩农田灌溉难问题。

镇北堡拦洪库规划示意图

镇北堡拦洪库开挖

建设中的镇北堡拦洪库

镇北堡拦洪库

吴忠市清宁河

清宁河是吴忠市贯彻落实自治区沿黄城市带发展战略而建设的一项综合性重点水利工程。清宁河的建成为加强吴忠市生态建设，提升城市形象，促进当地社会经济发展起到了积极作用。

清宁河建设

水韵吴忠

清宁河风光

中卫市香山河

2004年，中卫市依托黄河湿地资源优势，先后沿黄河整治了应理湖、香山湖等大小十多个湿地湖泊，疏浚了连接新老城区的沙坡头大道水系，增加了1.7万亩的水域面积，呈现了"黄河古城、浪漫沙都、花儿杞乡"的独特魅力。

魅力香山河

中卫市香山湖全景

固原市清水河

2006年3月，固原市全面启动了清水河环境综合整治工程，依托清水河独特的地理位置及水资源优势，采取措施治理污水，在城区段蓄水，围绕清水河建设了一个供市民休闲娱乐的开放式环水公园，打造了清水河线性景观带。

整治前的清水河

清水河生态长廊

景亭相依

第七单元
节水建设

宁夏属于严重缺水地区。新世纪以来，随着经济社会的快速发展，工农业生产对水资源的需求量日益增加，水资源供需矛盾日益突出。为破解水资源短缺瓶颈，自治区党委、政府科学分析宁夏区情、水情，率先在全国提出建设省区级节水型社会，统筹生产、生活、生态用水，严格水资源管理，推广节水技术，促进水资源合理开发和高效利用，以水资源的可持续利用，保障经济社会的可持续发展。

节水建设展区

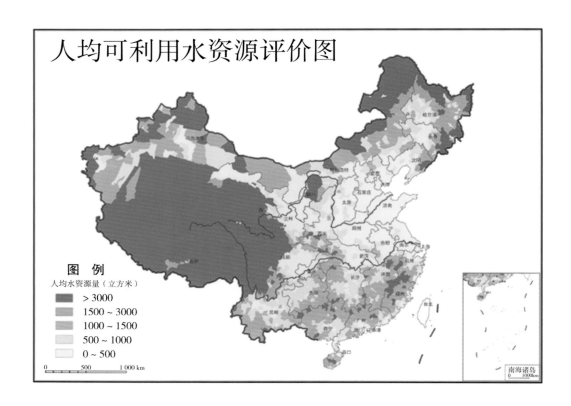

人均可利用水资源评价图

图　例

人均水资源量（立方米）

- > 3000
- 1500 ~ 3000
- 1000 ~ 1500
- 500 ~ 1000
- 0 ~ 500

0　　500　　1 000 km

南海诸岛

国务院黄河87分水方案示意图

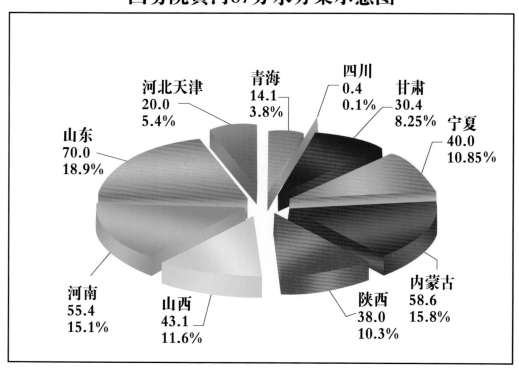

河北天津
20.0
5.4%

青海
14.1
3.8%

四川
0.4
0.1%

甘肃
30.4
8.25%

宁夏
40.0
10.85%

山东
70.0
18.9%

内蒙古
58.6
15.8%

河南
55.4
15.1%

山西
43.1
11.6%

陕西
38.0
10.3%

第一组
水权转换

　　我区农业节水潜力巨大。在当前既定黄河可耗用水量及不存在大规模开源可能性的情况下，宁夏水利探索出一条水权转换新思路。在确保粮食安全和基本生态用水的前提下，利用市场机制，将农业节约的水量有偿转换给工业，以农业节水支持工业和城市发展，工业发展反哺农业，引导水资源向高效益、高效率方向转化，实现水资源的二次配置，为经济社会的可持续发展提供水资源保障。

水权转换示意图

2004 年 11 月宁夏黄河水权转换总体规划在郑州通过黄委专家组审查

第二组
规划与目标

2004 年 7 月 22 日，自治区邀请中国工程院、中国科学院、水利部、科技部专家，在北京举行宁夏节水型社会建设研讨会，共商宁夏节水型社会建设大计。同年 12 月自治区政府颁布实施《宁夏建设节水型社会规划纲要》，明确了宁夏节水型社会建设十大重点任务，提出到 2015 年基本形成节水型社会框架，到 2020 年初步建成节水型社会。

2004 年 7 月 22 日在北京举行了高层研讨会，宁夏提出以省为单位建设节水型社会，并编制《宁夏节水型社会建设规划纲要》

出台纲要与规划

2005 年 3 月，在十届全国人大三次会议上，宁夏代表团提出的"将宁夏作为全国节水型社会建设试点的建议"，被全国人大列为十大重点办理建议之一。同年 6 月，国务院将"重点抓好宁夏节水型社会建设示范区建议"明确写入《国务院关于做好节约型社会近期重点工作的通知》当中。2006 年 3 月 2 日，《宁夏节水型社会建设规划》在京通过水利部、国家发改委审查。宁夏成为我国第一个以省为单位的节水型社会建设试点。

2006 年 3 月 2 日，水利部、国家发改委会在京联合主持召开宁夏节水型社会建设规划专家审查会

建设目标

近期目标

● 水权制度体系框架基本形成，水市场雏形初步形成；
● 水务一体化管理体制框架基本确立；
● 节水型社会的地方性法规、行政、经济技术政策、宣传教育体系框架初步形成；
● 全民节水和公众参与意识有明显增加；
● 水资源利用效率和效益明显提高，用水结构得到优化。
● 万元GDP用水、耗水量年均下降8%；
● 农业用水量年均下降2%，耗水量年均下降1.5%；
● 工业和服务用水水平达到国内同类地区先进水平；
● 全区耗水总量控制在41.5亿立方米以内，引、扬黄水量控制在65亿立方米以内；
● 人饮安全保障程度显著提高；
● 一般年份供需基本平衡；
● 水环境质量明显改善；
● 重点水土生态系统得到保护。

远景目标

● 基本建成与小康社会相适应的节水型社会，节水制度与水资源合理配置工程技术体系较为完善，产业结构和产业布局与区域水资源承载能力相互适应，建立较为完善的水权制度，培育出相对成熟的水市场，全社会形成自觉节水的风尚。
● 水资源利用效率和效益进一步提高，万元GDP用水量和耗水量降到同期全国平均标准以下，农业用水效率和单位农产品产出耗水量达到国内同类地区先进水平，工业用水效率和万元工业增加值用耗水量达到国内同类地区先进水平，服务业和生活用水水平达到国内先进水平。
● 全区耗水总量控制在41.5亿立方米以内，人饮安全得到保障，一般年份供需基本平衡，维系友好的水生态环境，初步实现人水和谐。

指标项	现状值（2004年）	试点阶段目标(2010年)	规划目标值（2020年）
万元GDP用水量（m³/万元）	1599	856	349.0
万元GDP耗水量（m³/万元）	703.6	444	199.0
农业用水比例（%）	93.0	88.0	80.0
灌溉水综合利用系数	0.36	0.45	0.53
万元农业增加职耗水量（m³/万元）	5455	3837	2253.0
工业用水重复利用率（%）	60.0	75.0	85.0
万元工业增加值用水量（m³/万元）	172.9	138.3	97.6
万元三产增加值用水量（m³/万元）	12.2	8.5	4.6
管网漏失率（%）	18.0	13.0	8.0
节水器具普及率（%）	40.0	65.0	100.0
饮水达标人口比例（%）	48.0	70.0	98.0
缺水率（%）	14.4	<12.0	<17.0
排污达标率（%）	—	80.0	95.0
水功能区达标率（%）	35.0	65.0	95.0
地下水超采率（%）	20.0	<10.0	0
基本生态用水保证率（%）	—	75.0	100.0
超耗用水量（亿m³）	—	<41.5	<41.5
水务体制改革率（%）	27.0	100	100.0
区县节水机构设立率（%）	75.0	100	100.0
计划用水率（%）	80.0	90.0	>95.0
排污控制率（%）	—	>85.0	>95.0
农民用水者协会控概率（%）	60.0	80.0	>90.0

宁夏节水型社会建设目标统计表

第三组
阶段性成果

2006 年，宁夏启动节水型社会建设试点工作，进一步完善水资源管理体制与机制，建立健全水资源管理制度，加强载体建设，大力推广节水技术，实施节水改造，开展节水宣传，节水型社会建设取得了阶段性成效。经济社会发展用水保证率进一步提高，水生态和水环境得到改善，实现了用水总量、农业用水、工业废污水排放量"三减少"；工业用水、生态用水、灌溉面积、粮食生产"四增加"；地区生产总值、工业增加值"两翻番"。

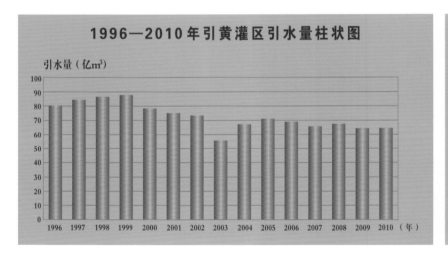

"十一五"期间节水型社会建设部分指标变化表

项目	2005年	2009年	增量	增幅(%)
用水总量(亿立方米)	78.08	72.23	-5.58	-7.49
农业用水(亿立方米)	72.77	66.72	-6.05	-8.31
工业用水(亿立方米)	3.46	3.68	0.22	6.36
生态用水(亿立方米)	0.52	1.46	0.94	180.77
地区生产总值(亿元)	606.1	1334.6	728.5	120.19
工业增加值(亿元)	281.2	523.2	242	86.06
灌溉面积(万亩)	662	715	53	8.01
粮食产量(万吨)	299.8	340.7	40.9	13.64
工业废污水排放量(万吨)	21410.7	20447.7	-963	-4.50

2011 年 4 月自治区召开了全区节水型社会建设工作会议

2011 年 11 月宁夏节水型社会建设试点验收工作会议

农业节水

按照分区治水思路，坚持以水定产，围绕农业"三大示范区"建设，积极调整作物种植结构，推广农业节水技术。大力发展设施农业和节水高效农业。引黄灌区围绕《宁夏优势特色农产品区域布局与发展规划》，合理优化作物布局，压缩水稻等高耗水作物种植面积，增加玉米、饲草及瓜果蔬菜种植面积，推广水稻控灌和旱育稀植技术，因地制宜地开展井渠结合，推广喷灌、滴灌、畦灌、覆膜保水等节水技术。中部干旱带和南部山区，大力发展马铃薯、硒砂瓜、小杂粮等特色产业，建设高效节水补灌工程，推广秋覆膜、一膜两季、集雨补灌、坐水点种等旱作节水技术。提高农业整体效益。

支渠节水改造

铺设 U 型玻璃钢防渗渠道

膜上灌

点灌

喷灌

时针式大型喷灌机组进行紫花苜蓿高效节水灌溉

注射灌

注射灌实物

20 世纪 70 年代喷灌头

工业节水

　　围绕自治区"五大十特"工业园区建设，推广先进节水工业，实施工业节水改造，关停了中宁电厂等小火电机组30万千瓦，关闭小造纸企业60家、小淀粉1700家、小水泥270万吨、炼铁57万吨、炼焦40万吨，宁东能源化工基地各大煤场大力推广矿井水利用技术，8个新建电厂全部采用空冷机组，七大造纸企业全部完成碱回收改造，实现废水综合利用。

中宁县新寺沟电厂小火电机组拆除

自治区节水办远程计量监控

工业用水循环利用

灵武电厂水循环处理系统

工业污水处理

华电灵武发电有限公司使用空冷发电技术

生活节水

　　自治区以银川市为重点，大力普及节水型生活器具，推引居民生活用水阶梯式水价和非居民用水超定额加价制度；加快城市污水集中处理和中水回用设施建设；加强城市管网改造，降低管网漏失率；强化地下水管理，使地下水位开始回升，降落漏斗区得到控制并逐年减少。

老式水表

城市供水网改造

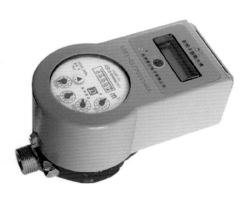

IC 卡智能水表

节水宣传教育

1994 年以来，各级水利部门每年利用一个月的时间，开展声势浩大的"世界水日"和"中国水周"宣传活动，通过采取广场启动、送戏下乡、制作展板、发送宣传品等有效形式，大张旗鼓地开展节水宣传活动，促进全社会节约用水。

"世界水日"宣传画报

国家节水标志

"中国水周"宣传主题	
1994年	关心水资源人人有责
1995年	女性和水
1996年	依法治水，科学管水，强化节水
1997年	水与发展
1998年	依法治水—促进水资源可持续利用
1999年	江河治理是防洪之本
2000年	加强节约和保护，实现水资源的可持续利用
2001年	建设节水型社会，实现可持续发展
2002年	以水资源的可持续利用支持经济社会的可持续发展
2003年	依法治水，实现水资源可持续利用
2004年	人水和谐
2005年	保障饮水安全，维护生命健康
2006年	转变用水观念，创新发展模式
2007年	水利发展与和谐社会
2008年	发展水利，改善民生
2009年	落实科学发展观，节约保护水资源
2010年	严格水资源管理，保障可持续发展
2011年	严格管理水资源，推进水利新跨越

街头宣传

墙体标语宣传

广场设点节水宣传

游行宣传

节水制度建设

2006 年以来，自治区相继颁布了《宁夏节约用水条例》《宁夏取水许可和水资源费征收管理实施办法》《宁夏水资源论证管理办法》《宁夏引（扬）黄灌区节约用水奖励办法》《宁夏节水型社会建设目标责任考核办法（试行）》等多项节约用水法规制度，出台了农业用水、工业产品、城市生活用水定额，为落实最严格的水资源管理制度，深入推进节水型社会建设提供了保障。

宁夏回族自治区第九届人民代表大会常务委员会第 27 次会议通过的《宁夏回族自治区节约用水条例》

宁夏实施《水法》办法（草案）座谈会

中华人民共和国取水许可证

宁夏王洼煤矿扩建工程水资源论证报告书审查会

第四组
水利改革

改革开放以来，宁夏各级水利部门艰苦创业，开拓创新，重点推进农村小型水利设施产权制度、水利工程供水价格、农村水费、水资源和水工程管理体制改革，初步构筑起水利新体制的基础框架。促进了水利事业的发展。

2003年8月贺兰县水务局在洪广镇金山地区召开小型水利设施工程拍卖现场会

农村用水管理体制改革

针对长期以来农村小型水利工程管理主体缺失、产权不清、责任不明、经营管理不善、效益下滑等问题，采取农民直接参与管理的方式，搞活农村水利设施的经营权，实现了农民自己的工程自己用、自己管。

农村水费改革

中华人民共和国成立以来，为实现水资源的合理配置，逐步提高工农业用水价格水平，自治区实行分类定价、超定额加价制度，探索建立科学合理的水价机制。2004年后，深化农村水费体制改革，将征工折款、支斗渠以下维护管理费用和水价三费"合一"，建立起用水协会自主经营、自我管理的管理模式，促进了节约用水，规范了用水管理。

银川市兴庆区汉延渠灌溉合作社成立揭牌仪式

唐徕渠灌区渔粮渠用水协会成立大会

用水户到农民用水协会缴纳水费

农村小型水利工程管理体制改革情况表

改革情况	支斗渠道(条)	机井(眼)	小扬水站(座)	人饮工程(处)	其他工程(处)	灌溉面积(万亩)	饮水人口(万亩)
成立农用水协会	12952	1443	272	138	527	531.2	53.807
经营权承包	549	454	252	220	906	6.63	57.81
拍卖	23	545	9	-	-	6.1	0.09
租赁	13	2	-	3	8	0.35	0.1
股份合作	6	205	-	7	640	0.6	2.17
其他	106	313	45	61	3714	5.12	16.37

宁夏回族自治区自流灌区水价调整一览表

年份	水价	备注
1950—1952	0.2元/亩	每亩地征工半个，用于渠道维修
1953—1955	黄米4市斤/亩	每亩地征工半个，用于渠道维修
1956—1982	0.5元/亩(旱田) 0.7元/亩(水田)	每1.5亩征工1个
1983—1988	1厘/立方米	每1.5亩征工1个，每工折款1.5元，超计划加价
1989—1993	农业用水2厘/立方米 水产养殖5厘/立方米 工业用水8厘/立方米	每个工折款2.1元
1994—1999	农业用水6厘/立方米 水产养殖1分/立方米 工业用水成本加10%利润	每个工折款3.7元，超计划30%以上加收4厘
2000—2002	农业用水1.2分/立方米 水产养殖1.3分/立方米 工业用水成本加10%利润	每个工折款4元，超计划30%加收5厘
2004—2006	农业用水1.95分/立方米 水产养殖2.3分/立方米 工业用水4分/立方米	超计划用水每立方米加价1.2分
2007年至今	农业用水2.45分/立方米 水产养殖2.8分/立方米 工业用水5.35分/立方米	超计划用水每立方米加价1.2分

宁夏回族自治区扬水灌区水价调整一览表

年份	水利工程	水价	备注
1978—1982	同心扬水	免费	按每立方米3分收取征工款
1983—1989	同心扬水与固海扬水	1.5分/立方米	供水价格占成本水价的18%
1990—1993	同心扬水与固海扬水	3分/立方米	供水价格占成本水价的33%
1994—1999	同心扬水与固海扬水	农业5分/立方米 水产7分/立方米 工业按供水成本加5%利润计收	供水价格占成本水价的27%
1996—1999	盐环定	5分/立方米	供水价格占成本水价的10%
2000—2002	固海扬水	农业8分/立方米 水产15分/立方米 工业按供水成本加5%利润计收	供水价格占成本水价的39%
2000—2002	盐环定扬水	农业10分/立方米 水产15分/立方米 工业按供水成本加5%利润计收	供水价格占成本水价的9.8%
2003—2006	固海扩灌	9分/立方米	供水价格占成本水价的15.8%
2006—2009	固海扬水	农业及人畜引水11.7分/立方米 工矿企业及城镇用水25分/立方米	供水价格占成本水价的55.5%
2006—2009	盐环定扬水	农业及人畜引水13.7分/立方米 工矿企业及城镇用水40分/立方米	供水价格占成本水价的23.5%
2006—2009	红寺堡扬水	农业及人畜引水11.5分/立方米 工矿企业及城镇用水25分/立方米	供水价格占成本水价的48.5%
2006—2009	固海扩灌	农业及人畜引水11.7分/立方米 工矿企业及城镇用水40分/立方米	供水价格占成本水价的17.9%

水管体制改革

2005年初，针对长期以来大量水利工程老化失修，工程运行经费匮乏等问题，自治区在全区启动水管体制改革，对水管部门进行分类定性，落实"两定""两费"工作具体措施，推行管养分离，初步建立起符合区情、水情和社会主义市场经济要求的水管体制和运行机制。

十大重要任务

2002 年 4 月石嘴山市水务局成立揭牌仪式

2009 年 6 月自治区水利厅召开全区水管体制改革实施大会

法制建设

中华人民共和国成立以来，逐步建立完善了相关水利管理制度。《水法》颁布后，制定了灌溉管理、水土保持、河道采砂、水费改革、水资源管理、节约用水等一系列地方性水法规，逐步确立了各级水行政主管部门水执法主体地位，建立健全了水行政执法体制，规范了水资源开发利用，全面推进了依法行政、依法治水。为全面建设可持续发展水利和节水型社会提供了法制保障。

水政执法人员工作服及使用过的设备

执法宣传

监督执法

拆除违章建筑

水利立法

中华人民共和国成立以前，在工程维修和引水灌溉方面，都有习用已久的规则制度。从明弘治《宁夏新志》记载起，就有较完备的记述。中华人民共和国成立后，宁夏先后颁发了《宁夏省渠道养护暂行办法》等5项规章制度。改革开放以来，水利法治建设进入了一个新时期，国家颁布实施了《水法》等多部规范水事活动的法律法规，自治区人大和政府相继颁布（修订）了地方配套法规10项、政府规章23项，基本形成了水利法规体系。

《宁夏回族自治区抗旱防汛条例》立法调研

宁夏学习贯彻新《水土保持法》讲座

中华人民共和国成立后至改革开放政府颁布规章和规范性文件

名　　　称	颁布日期
宁夏省水利渠道养护暂行办法	1950年
宁夏省各县渠管制水量暂行办法	1950年
宁夏省1950年征收水费暂行办法	1950年
宁夏省水利费征收暂行办法	1951年10月18日
宁夏省农田水利渠道养护及临时抢修工程执行办法	1954年8月7日
宁夏回族自治区引黄灌区水利管理试行办法	1962年9月

改革开放后人大颁布地方性行政法规

名　　　称	颁布日期
宁夏回族自治区水利管理条例	1983年2月26日
宁夏回族自治区水工程管理条例（修订）	2002年11月7日
宁夏回族自治区《中华人民共和国水法》实施办法	1993年8月21日
宁夏回族自治区实施《中华人民共和国水法》办法（修订）	2008年9月19日
宁夏回族自治区实施《中华人民共和国水土保持法》办法	1994年6月16日
宁夏回族自治区实施《中华人民共和国水土保持》办法（修订）	2012年
宁夏回族自治区节约用水条例	2007年3月29日
宁夏回族自治区实施《中华人民共和国水文条例》办法	2010年9月16日
《宁夏回族自治区防汛抗旱条例》	2011年9月18日
宁夏回族自治区水资源管理条例	2012年

改革开放后政府颁布规章和规范性文件

名　　　称	颁布日期
宁夏回族自治区《水土保持工作条例》实施细则	1983年4月11日
水利厅建设农村水利劳动积累工制度的暂行规定	1987年10月17日
宁夏回族自治区水利管理办法	1988年6月18日
宁夏回族自治区依靠群众合作兴修农村水利的若干规定	1989年6月2日
宁夏回族自治区水利工程水费计收、使用和管理办法	1989年10月23日
宁夏回族自治区农村水利技术承包暂行办法	1990年4月30日
宁夏回族自治区城市节约用水管理办法	1992年1月16日
宁夏回族自治区河道采砂收费管理办法	1992年5月13日
宁夏回族自治区生产建设项目水土保持方案报批管理规定	1994年9月10日
宁夏回族自治区水利建设基金筹集和使用管理实施细则	1998年6月22日
宁夏回族自治区取水许可实施细则	1999年12月8日
引黄灌区支斗渠水费管理办法	2005年8月16日
水利工程建设项目招标投标监督管理实施办法	2005年12月26日
宁夏回族自治区水利工程建设安全生产管理办法	2005年12月31日
宁夏水利厅水权转换项目管理办法	2006年11月16日
宁夏河道管理范围内建设项目管理实施办法（试行）	2006年12月22日
宁夏回族自治区取水许可和水资源费征收管理实施办法	2008年6月20日
宁夏回族自治区水资源费征收管理办法	2008年8月1日
宁夏回族自治区水资源论证管理办法	2009年7月7日
宁夏黄河水资源县级初始水权分配方案	2009年9月29日
宁夏回族自治区艾伊河管理办法	2009年10月28日
宁夏回族自治区黄河宁夏段水量调度办法	2009年10月28日
宁夏回族自治区节水型社会建设	2011年底

水是生产之要

第三部分

水利未来

　　21世纪是水的世纪，水问题困扰着几乎每一个国家和民族，中国也不例外。宁夏特定的区情决定必须在加快发展和深化改革的进程中，破解实现跨越式发展的水资源瓶颈。站在新的历史起点上，要深化改革，开拓进取，抢抓机遇，加快推进水利建设进程，实现水利现代化美好未来。

第一单元
国之要策

　　兴水利、除水害，历来是治国安邦的大事。明确水利的战略安全地位，是关系水利长远发展的根本问题。中华人民共和国成立以来，我们党准确把握国情和水情，对水利的认识不断深化。进入新世纪，党中央、国务院两次对西部大开发进行部署，2011年中央1号文件出台了《关于加快水利改革发展的决定》。党的十八大以来，中央、水利部、自治区先后调整了治水思路和基调，对水利工作提出了明确要求，指明了宁夏水利的发展方向。

国之要策展区

中央治水思路

节水优先　空间均衡
系统治理　两手发力

节水优先

针对我国国情水情，总结世界各国发展教训，着眼中华民族永续发展作出的关键选择，是新时期治水工作必须始终遵循的根本方针。

空间均衡

从生态文明建设高度，审视人口经济与资源环境关系，在新型工业化、城镇化和农业现代化进程中做到人与自然和谐的科学路径，是新时期治水工作必须始终坚守的重大原则。

系统治理

立足山水林田湖生命共同体，统筹自然生态各要素，解决我国复杂水问题的根本出路，是新时期治水工作必须始终坚持的思想方法。

两手发力

从水的公共产品属性出发，充分发挥政府作用和市场机制，提高水治理能力的重要保障，是新时期治水工作必须始终把握的基本要求。

水利改革发展总基调

水利工程补短板
水利行业强监管

补短板

坚持问题导向，聚焦京津冀协同发展、长江经济带发展，推进乡村振兴，打赢脱贫攻坚战等国家重大战略，加快实施江河治理、中小河流治理、山洪灾害防治、农村饮水安全巩固提升、河湖水系综合整治等工程，重点是补好防洪工程、城乡供水工程、生态修复工程、水利信息化工程等几个方面的水利设施短板。

强监管

根据不同流域、不同区域的自然条件及经济社会发展状况，在节水、生态方面提出可量化、可操作的指标和清单，建立一套完善的标准规范和制度体系，为人的行为划定红线。以全面推行河长制、湖长制为抓手，实现河湖面貌根本改善。要建立全国统一分级的监管体系，运用现代化监管手段，通过强有力的监管发现问题，通过严格的问责纠正人的错误行为。重点下功夫抓好对江河湖泊、水资源、水利工程、水土保持、水利资金及行政事务工作的监管。

宁夏治水思路

统筹城乡　改革创新
节约高效　开放治水

统筹城乡

以保障和改善民生为根本，大力推进城乡水利基础设施建设，坚持向饮水安全、农田水利等最基本的需求领域倾斜，全力解决好群众最期盼的水问题，着力推动水利基本公共服务均等化。

改革创新

充分利用"互联网+"等信息技术，健全市场在水资源配置中起决定性作用的制度体系，更好发挥政府主导作用，不断创新水利发展的思路模式、体制机制、管理手段，激发水利发展内生动力。

节约高效

落实最严格水资源管理，全面推进节水型社会建设，切实把节水贯穿到经济社会发展和生活生产全过程，努力走出一条农业节水支持工业发展、以工业发展反哺农业的宁夏特色的节水发展之路。

开放治水

广泛引进应用国内外先进科学技术，推进山水林田湖系统治理，使水资源水生态环境承载力与经济社会发展相协调，走出一条生态优先、绿色发展之路，使我区水利事业步向现代化发展的新时代。

宁夏水利"十三五"规划

"十三五"是全面建成小康社会的决胜阶段，是全党全社会加速推进"四个全面"战略布局的关键五年。"十三五"时期，宁夏水利仍处于补短板、破瓶颈、保供给、上水平、促发展、惠民生的发展阶段，是加快完善水利基础设施网络、构建水安全保障体系、加快推进水利现代化的关键时期。

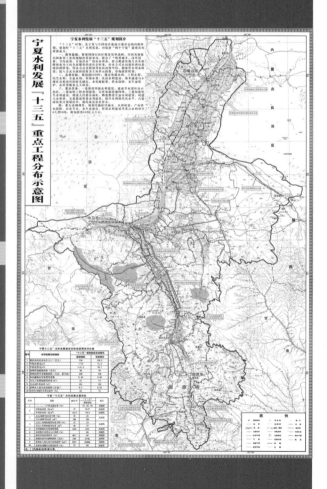

第二单元
任之重远

　　宁夏等西北地区资源型缺水的形势日趋严峻。随着工业化、城镇化深入发展和人口的不断增加，水资源供需矛盾突出已成为可持续发展的主要制约瓶颈，强化水资源节约保护工作越来越繁重。企盼早日建设黄河大柳树水利枢纽和南水北调西线工程，对解决西北地区干旱缺水、维持黄河健康生命具有重大战略意义。

任之重远展区

黄河黑山峡

黄河黑山峡

黄河黑山峡

黄河沙坡头

第一组
大柳树水利枢纽

　　黄河大柳树水利枢纽是决定 21 世纪西北地区经济社会实现跨越式发展的战略性工程，也是调蓄水量、防洪防凌、改善生态环境和下游水沙条件的综合性水利工程。在 2002 年国务院批准的《黄河近期治理开发规划》中，将黄河大柳树工程列为黄河干流综合治理 7 个控制性水库工程之一，与龙羊峡、小浪底构成黄河干流上 3 个最为重要的骨干梯级调控水库，成为全河水沙调控体系的主体。

大柳树水利枢纽展区

绝佳的高坝大库资源

黑山峡河段在黄河上游甘宁两省（区）的接壤处，区间多年平均径流量325亿立方米，占黄河总径流量的56%；年均输沙量1.6亿吨，约为黄河总输沙量的十分之一，水多沙少，开发条件十分优越，是黄河上游具备建设高坝大库条件的最后一个峡谷河段。大柳树工程位于黑山峡出口以上2公里处的宁夏中卫市境内，根据规划设计，大柳树大坝高163.5米，总库容达114.8亿立方米，是黄河干流上唯一尚未开工建设的控制性水利枢纽。经过30多年的地震地质勘察研究，国家地震局作出了"大柳树坝址总的工程地质条件适合修建高土石坝"的科学、权威结论。

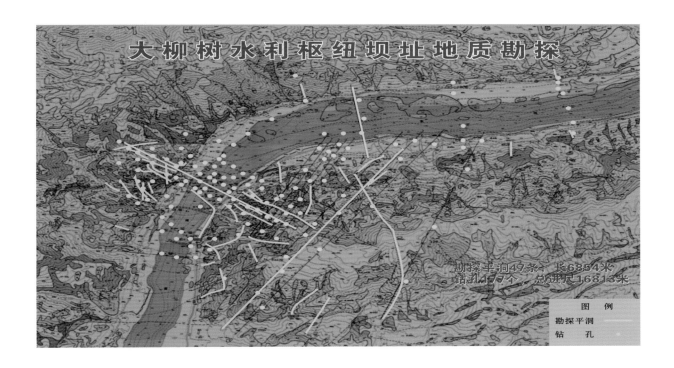

大柳树水利枢纽坝址地质勘探

勘探平洞47条，长6854米
钻孔177个，总进尺16813米

图例
勘探平洞
钻孔

黄河黑山峡出口

万千民生的渴望

　　大柳树工程建设将有效地改善区域内人民群众生产生活条件和生存环境，化解甘宁蒙陕省（区）间因供水高峰重叠的用水矛盾。通过低成本延伸扬水供水范围，解决宁夏中部干旱带和南部山区工程型缺水问题，减少泾河等水系上游宁夏境内的引水量，为毗邻的甘肃平凉、庆阳等地用水留出空间，统筹黄河干支流的水资源配置，在促进民族团结、维护社会稳定、巩固边疆等方面将发挥巨大的作用。

大柳树水利枢纽示意图

黄河生命的呼唤

大柳树工程是修复和维护黄河生命健康的关键。

——是调节河流泥沙，保持河道畅通的控制性工程。

——是防洪防凌，消除冰凌灾害的控制性工程。

——是调节河水流量，优化水资源配置的控制性工程。

大柳树工程建设，依托大型水库，凭借57.6亿立方米的长期有效调节库容，配合主汛期洪水，集中在10—15天内下泄3000～5000立方米/秒造床流量，增强河道泄沙输沙能力，有效地清除河道淤积，并与中游骨干工程联合运行，为黄河下游冲沙减淤提供水流动力条件，从而维护全河生命健康。

每年汛末蓄水，5—7月宁蒙河段用水高峰期集中放水，向下游增供水量40多亿立方米，保证农田适时适量灌溉，解决宁蒙两省（区）在灌溉高峰期取水困难和争水矛盾加剧的问题，提高工业、城市供水保证率，确保下游生态基流，实现水资源优化配置和高效利用。

黄河黑山峡雄姿

可持续发展的后盾

西部地区资源富集但生态环境恶劣，是我国可持续发展的重点区域。大柳树工程建设是西部地区实现可持续发展的关键。

——关乎西部地区乃至国家粮食安全。规划的大柳树工程灌区有近2000万亩可开垦的荒地资源。加上宁蒙现有的1800万亩灌区，将形成近4000万亩特大型灌区，从而构成我国西部最大的集中连片人工绿洲和重要的农业生产基地。

    ——关乎鄂尔多斯盆地能源的合理开发利用。大柳树工程建成后，取水水位提升，使宁东、蒙西和陕北能源化工基地由扬水变为自流取水，明显降低用水成本，能有效地保障国家能源安全。规划电力装机容量达 200 万千瓦，年均发电量 76.2 亿千瓦时。南水北调西线一期工程见效后，上游梯级的年发电量可增加 100 亿千瓦时。成为西电东送北通道的骨干电源和主干网络，保障西电东送战略的有效实施。

    ——关乎沿黄城市带的产业集聚和科学发展。大柳树工程下游两岸分布着中卫、吴忠、银川、石嘴山、乌海、呼和浩特、包头等众多大中小城市。大柳树工程建设，有利于促进生产要素向沿黄城市带集中，产业沿黄河城市群布局，成为西部地区重要的经济增长极。

黄 河 大 柳 树 生 态 区 示 意 图

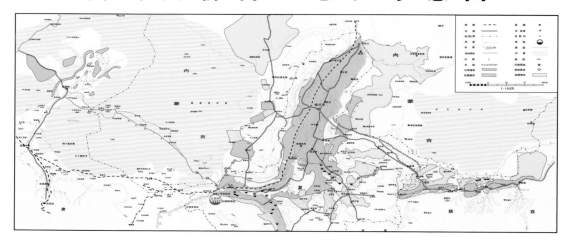

生态和谐的源泉

    大柳树工程生态区辐射面积 59.1 万平方公里，涉及人口 1700 余万。

    大柳树工程不仅能降低扬水高程，而且能为西部生态绿洲的建设提供相对充裕的水资源保障。在甘宁蒙陕区域，通过"开发一小片，保护一大片"战略地实施，实现部分牧民定居，使约 2000 万亩退化草场全部实现封育保护，将使 8000 万亩退化草场全部实现封育修复。

沙漠绿洲

广袤草原

第二组
大柳树工程前期工作

跨世纪历程

　　黄河黑山峡河段规划始于 1952 年。早在 1958 年，我国水利专家就提出在黑山峡出口的大柳树修建大型水利工程的设想。从 20 世纪 50 年代以来，我区和国家发改委、水利部、黄委会组织有关部门做了大量的勘探、研究和规划论证工作。中国科协、中国科学院、中国工程院、中国国际工程咨询公司、中国水电顾问集团等单位和诸多专家学者对工程方案进行了反复论证和比选。历经 50 多年的考察论证和艰苦探索，大柳树水利枢纽工程前期工作取得了阶段性成效。

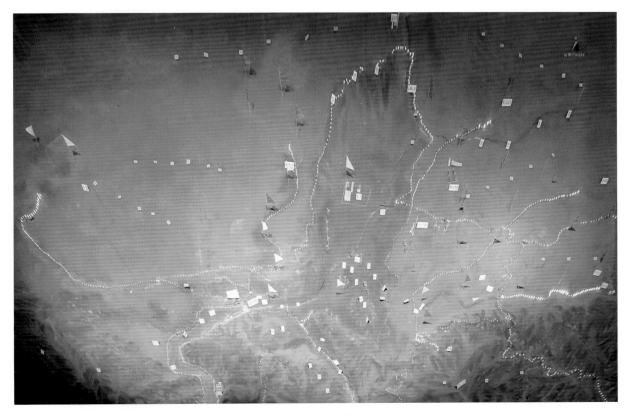

黄河大柳树沙盘（模型）

大柳树工程前期工作一览表

时　间	机　构	内　容
1954年10月	黄河规划委员会	编制完成了《黄河综合利用技术经济报告》。经1955年7月30日第一届全国人大第二次会议审议通过，报告中黑山峡河段按黑山峡（小观音）高坝和大柳树低坝二级开发。
1972年3月	原水利电力部	以（12）水电综字第55号文要求原水电四局和黄委会对黄河干流八盘峡至青铜峡河段进行规划选点，同年9月完成了《黄河干流八盘峡至青铜峡段规划选点报告》。仍建议黑山峡河段按二级开发，提出修建小观音水库。
1974年	水电局设计院	提出了《黄河黑山峡水电站枢纽工程补充初步设计报告》，并通过审查。
1975年	原国家计委	正式批准黑山峡项目(小观音高坝＋大柳树低坝)列为国家新建基建项目，并拨款1000万元进行施工准备，后因甘肃认为水库淹没问题难以解决而未能开发，其资金用于1976年2月开工建设的龙羊峡水电站。
1981年5月	宁夏回族自治区人民政府	以宁政发（1981）62号呈报国务院，请求建设大柳树水利枢纽。
1981年、1983年、1984年	西北院	先后提出《黄河黑山峡河段开发方式比较报告》、《黄河黑山峡河段开发方式比较重编报告》和《黄河黑山峡河段开发方式比较重编报告一九八四年修订本》，分别经原水电部主持招开内部审查会，多数人同意二级开发方案。
1985年	中国科协	经过三年深入研究，提出《黄河黑山峡河段开发方案论证总报告》，从经济效益分析，认为大柳树高坝方案效果更显著，推荐黑山峡河段采用大柳树高坝一级开发方案。
1987年9月	西北院	提出了《黄河大柳树（低）水电站工程可行性研究报告》和《黄河大柳树水电站工程（蓄水位1375m方案）初步可行性研究报告》。
1989年	水利水电规划总院	以（89）号水规第字8号文安排天津院参与论证工作。
1990年3月27日	国务院	国务委员邹家华、陈俊生主持会议研究了黑山峡河段的开发问题，形成会议纪要，其中关于开发方案，未取得统一意见。
1991年10月	天津院	提出了《黄河黑山峡河段开发规划阶段报告》（修订），推荐大柳树高坝一级开发。
1991年11月	西北院	完成了《黄河黑山峡河段开发规划阶段报告》，仍维持二级开发。
1992年	水利部	正式向国务院报送了《关于黄河黑山峡河段开发方案论证报告》，报告中推荐采用大柳树一级开发方案。
1993年8月	国务院	第七次常务会议通过的《九十年代中国农业发展纲要》明确指出：要开工建设黄河大柳树工程，并将其列入"九十年代的重要建设项目"之中。同年12月中国水利水电工程咨询西北公司编制了《黄河黑山峡河段开发方式补充报告（四级开发）》。
2001年4月	中国水电顾问有限公司	编制了《黄河黑山峡河段开发方案咨询报告》。
2002年	水利部天津勘测设计院	提出《黄河黑山峡河段开发方案论证综合报告》。同年国务院批准的《黄河近期治理开发规划》中，将大柳树工程列为黄河干流综合治理七大控制性水库工程之一，与龙羊峡、小浪底构成黄河干流上三个最为重要的骨干梯级，成为全河水沙调控体系的主体部分。
2006年	中国国际工程咨询公司	向国家发改委正式上报了《关于黄河黑山峡段开发方案论证的阶段性报告》，明确提出大柳树坝址可以建高坝水库。
2007年	全国人大	将宁夏代表团提出的《尽早立项建设大柳树水利枢纽工程》的议案列为10项重点办理建议。
2008年1月29日	国家发改委	召开黄河黑山峡河段开发及大柳树水利枢纽工程建设高层专题会议，国家相关部门和大多数专家倾向于大柳树高坝大库方案。
2008年8月20日	国务院	第23次会议通过《关于进一步促进宁夏经济社会发展的若干意见》中，明确提出"在统筹规划和科学论证的基础上，加快黄河黑山峡河段开发及大柳树水利枢纽工程建设的前期工作"。
2010年7月6日	中共中央、国务院	举行的西部大开发工作会议，明确提出"稳步推进一批调水工程建设，适时开展南水北调西线工程前期工作，做好黄河黑山峡河段开发及大柳树水利枢纽工程建设的前期工作"。

大柳树工程多种开发方案

大柳树工程前期论证已十分充分，河段开发功能定位已经明确。工程开发建设长期存在多种开发方案之争，主要包括坝址地震安全、泥沙输移与河道淤积、水资源调配、防凌防洪、灌溉与生态、库区淹没与移民等问题。最终规划方案由中央决定，宁夏殷切期待，将坚决执行。

中国科协、中国科学院、中国工程院、中国国际工程咨询公司、中国水电顾问集团等单位和诸多专家学者对工程方案进行了反复论证和比选。由于一级开发方案比二级、四级开发方案可更好地实现黑山峡河段的开发任务，更能充分地综合利用黄河水资源，发挥上游梯级水电站的效益，改善民生和周边生态环境，而且库区淹没相同、投资相近，因此，一致同意黑山峡河段综合开发，推荐采用大柳树高坝一级开发方案。

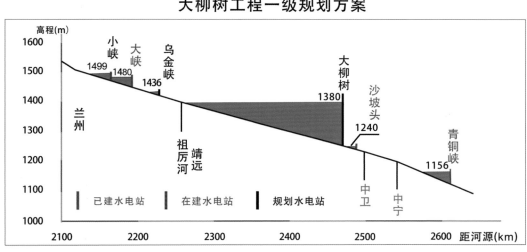

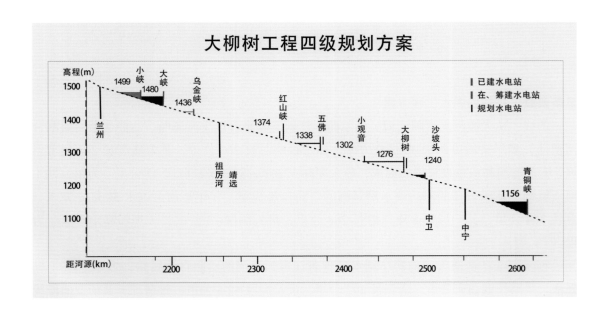

第三组

南水北调西线工程

南水北调工程是缓解中国北方水资源严重短缺局面的重大战略性工程。分东线、中线、西线三条调水线。与宁夏关系至关重要的是西线工程，简称西线调水，是从长江上游调水至黄河。即在长江上游通天河、长江支流雅砻江和大渡河上游筑坝建库，采用引水隧洞穿过长江与黄河的分水岭巴颜喀拉山调水入黄河，是解决西北地区干旱缺水、促进黄河治理开发的重大战略工程。

南 水 北 调 工 程 示 意 图

三条西线工程规划调水工程方案

达—贾线：从大渡河支流阿柯河、麻尔曲、杜柯河和雅砻江支流泥曲、达曲 5 条河流联合调水到黄河贾曲，多年平均可调水 40 亿立方米。输水线路总长 260 公里，其中隧洞长 244 公里。由五座大坝、七条隧洞和一条渠道串联而成，最大坝高 123 米；隧洞最长洞段 73 公里。为第一期工程。

阿—贾线：从雅砻江的阿达调水到黄河的贾曲自流线路，多年平均可调水 50 亿立方米。输水线路总长 304 公里，其中隧洞 8 座，总长 288 公里，最长洞段 73 公里，大坝坝高 193 米。为第二期工程。

侧—雅—贾线：从通天河的侧坊调水到雅砻江再到黄河的贾曲自流线路，多年平均可调水 80 亿立方米。线路长度 204 公里，隧洞长 202 公里，最长洞段 62.5 公里；雅砻江—黄河贾曲段线路长

304 公里，隧洞长 288 公里，最长洞段 73 公里。为第三期工程。

三条线路每年可调水 170 亿立方米，分别占引水枢纽处河道径流量的 65% ~ 70%。

按 2000 年第一季度价格水平，第一期工程静态投资为 469 亿元，第二期工程为 641 亿元，第三期工程为 1930 亿元，三期工程共 3040 亿元。

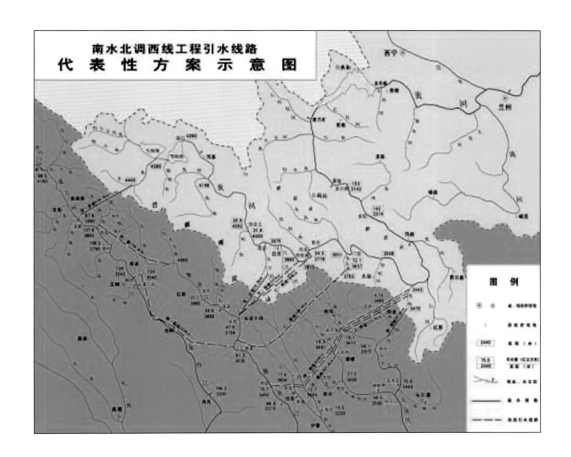

南水北调西线工程示意图

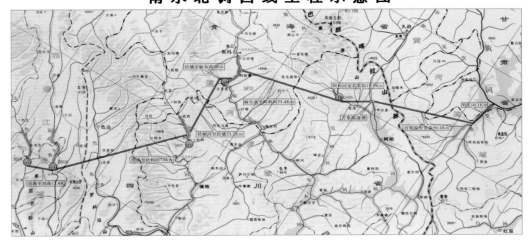

黄河贾曲

金沙江

雅砻江

大渡河上游

第三单元
民之幸福

    宁夏中南部地区历史上"苦瘠甲天下"，由于自然条件差、资源匮乏、历史欠账多等原因，近100 余万人饮用水困难，其中 30 余万人居住在山大沟深、交通不便、饮用水不安全、不适宜人类生存的地方。2011 年，自治区党委、政府果断决策，全面启动贫困人口生态移民工程。2012 年，中南部城乡饮水安全工程奠基开工，对建设美丽新宁夏、共圆伟大中国梦，确保宁夏与全国同步实现小康社会目标具有重大意义。

民之幸福展区

宁夏中南部城乡饮水安全工程

　　宁夏中南部地区特别是西海固地区山大沟深、干旱少雨、水源分散、质少量差，是全国自然环境最恶劣、贫困程度最深、缺水最严重的地区之一，当地群众因水而贫、因水而困，长期没有稳定可靠的水源保证。

干旱的西海固旧貌

20 世纪 80 年代末妇女儿童排队等待接水的一刻

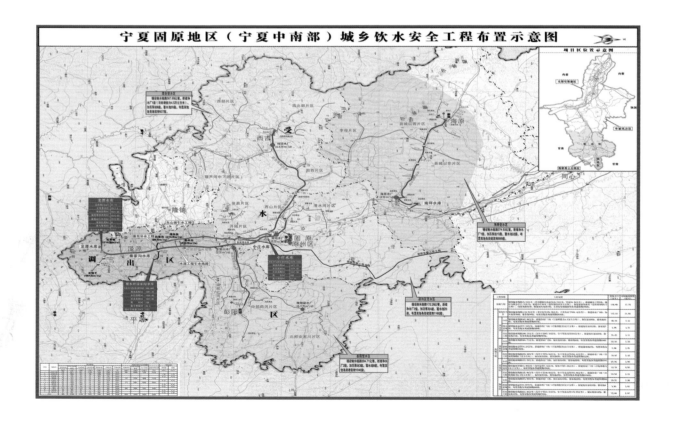

为了彻底解决该地区城乡居民饮水安全问题，从1972年开始，自治区历届党委、政府积极推动中南部城乡饮水安全工程前期工作，经过40年"三下四上"论证立项，2012年这项总投资近40亿元的工程获批开工。

宁夏固原地区（宁夏中南部）城乡饮水安全水源工程开工暨誓师大会

中庄水库大坝施工

中南部安全连通工程管道安装铺设

小朋友喜接幸福水

中南部安全水源工程大湾隧洞二次衬砌

西吉南套子梁泵站主体施工

已建成的西吉县河∏水厂

中南部城乡饮水安全工程是将相对丰沛的泾河水量调入中南部地区，由水源工程和连通工程两部分组成。工程总投资 39.36 亿元，共建隧洞 12 条、水库 3 座、截引工程 7 座、水厂 7 座、泵站 35 座、调蓄水池 92 座以及 1200 公里各级管道，解决了原州区、彭阳县、西吉县、海原县等 4 县（区）44 个乡镇 603 个行政村 113.53 万城乡居民饮水安全问题。构建了"同源、同网、同质、同服务"的城乡饮水安全水网。

建成后的泾源县龙潭水库

中南部城乡饮水安全工程是宁夏迄今为止覆盖范围最广、受益人口最多、建设最为紧迫的"一号"民生工程。工程历经 4 年奋战，于 2016 年 10 月提前建成通水，圆了百万群众近半个世纪以来的"盼水梦"，实现了从喝井窖水到喝上自来水的历史转变，为宁夏全面打赢脱贫攻坚战并与全国同步全面建成小康社会提供了有力的水资源支撑。

原州区中庄水库

海原县南坪水库

泾源县秦家沟水库

第四部分

水利文化

　　宁夏水利源远流长，历史悠久。在长期的治水实践中，勤劳的宁夏人民在兴利除害中，积累了丰富的知识经验，创造了大量的水文化财富。它们既是黄河文化的重要组成部分，同时又闪烁着独特的河套文明的灿烂光辉，真实生动地记录了宁夏水利前进的脚印。

【短歌行】：对酒当歌，人生几何，譬如朝露，去日苦多。
【短歌行】：山不厌高，水不厌深，周公吐哺，天下归心。
【杂诗】：猛志逸四海，骞翮思远著。
【读山海经十三首】：精卫衔微木，将以填沧海。
【抱朴子·广譬】：金以刚折，水以柔成。
【抱朴子·嘉遁】：尘羽之积，沈舟折轴。
【抱朴子·微旨】：过载者沈其舟，欲胜者丧其身。
【世说新语·文学】：山无静树，川无停流。
【颜氏家训·归心】：山中人不信有鱼大如木，海上人不信有木大如鱼。

第一单元
水利书法作品

　　丹青敷彩歌盛事，翰墨流霞颂和谐。水文化作为中华优秀传统文化的重要组成部分，水利诗文书画是文人墨客对宁夏历代治水实践支撑社会发展的艺术体现，为进一步展示和弘扬悠久厚重的水文化底蕴，特遴选一批优秀的水利诗文书画作品予以展示，凝聚起助推水文化事业转型升级发展的强大合力。

书法作品展区

郑歌平作品

郭进挺作品

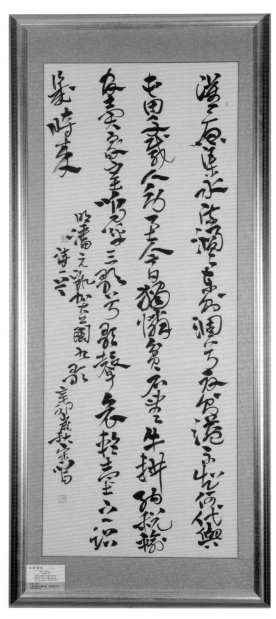

宋鸣作品

康国平作品

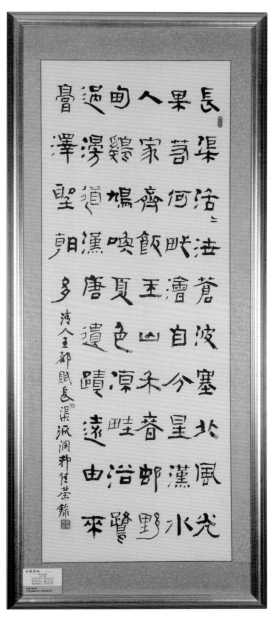

郭佳荣作品

傅宁作品

关向阳作品

宋琰作品

朱建设作品

马洪春作品

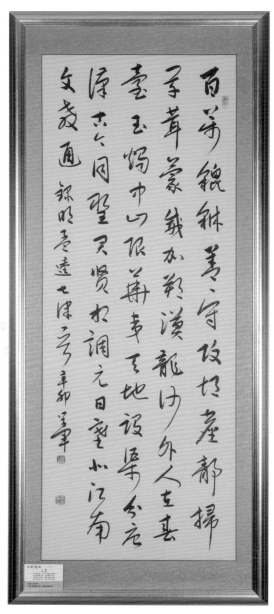

俞学军作品

唐宏雄作品

李洪义作品

黄朝克作品

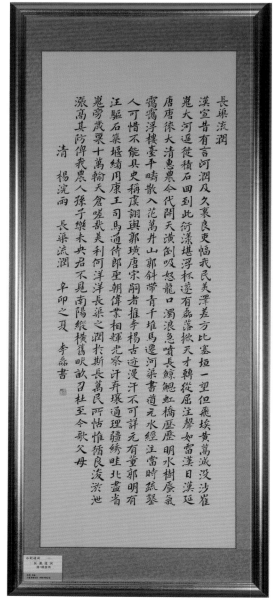

李磊作品

敬正书作品

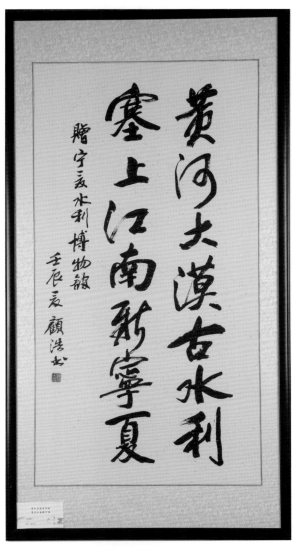

顾浩作品

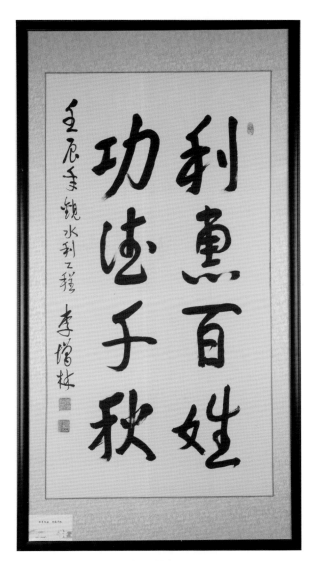

李增林作品

靳守恭作品

苏维童作品

安果军作品

马正业作品

人稱萬物之靈擅百歲之壽安可不利於人哉蓋人臣受國恩為惡則罪耳為善乃常事亦猶子孝於親詎可夸乎余所記重修又非為名只要叙民之艱苦實由斯渠冀後之居者不缺其修行者不毀其修長利民而已
唐魚孟威靈渠記 己卯年王治民書

天人之理必相因而其力亦常相半人事已十五六則其不可奈何者當歸之天在人者未盡不幸遭遇便謂天實為之此不待智者知其不然蓋嘗與老農計之欲為救災捍患之術其大概有二曰作堤曰疏水
南宋范成大水利圖序 己卯年夏翰墨王治民書

高山平原水利之所窮也惟井可以救之此法北土甚多特以灌畦種菜旱年甚獲其利宜廣推行之也實地之曠者望幸於雨宜令其人多種木用水不多灌溉易為水旱蝗不能全傷之語曰木奴千無凶年
明徐光啟農政全書之水利 己卯年孟夏翰墨王治民書

蓋五穀之性無不藉水以滋不特水稻為然亦未有久旱而不槁者也故一區之中亦必有畎畝以植穀畎以利水雨則以達之川旱則以滋其畝無溝洫無畎畝之分當其旱則立而槁或數日雨又浸而姜矣
清任啟運請安流民興水利疏 歲在己卯年夏月翰墨王治民書

王治民作品

马发义作品

王建宏作品

李粹文作品

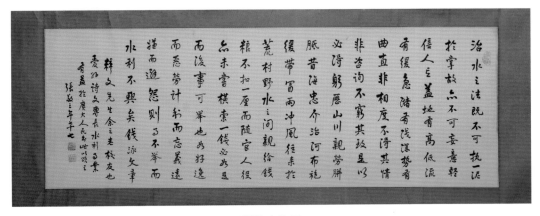

张敬之作品

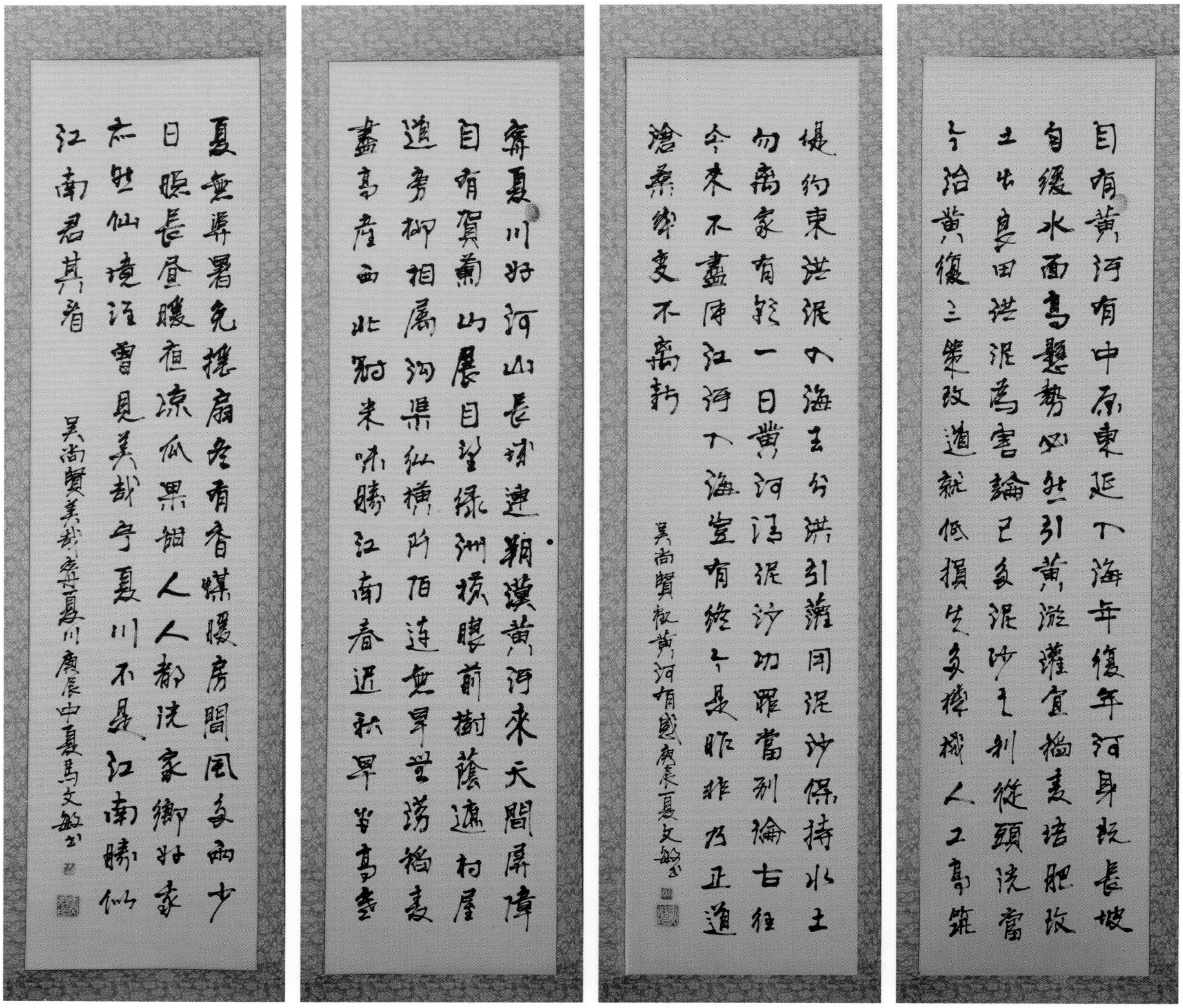

目有黄河有中原東延卜海年復年河身玩長坡
自緩水面高题势凶焦引黄溉灌宜搞麦培肥玫
土出良田洪泥為害輪已多泥沙飞利従頭洗當
今治黄復三策改遺就低損失多搞械人工高筵

堤约東洪泥入海玉分洪引蕭同泥沙保持水王
勿离家有於一日黄河馮泥沙功罪當列論古往
今來不盡屏江河卜海宣有終今是昨非乃正道
滄桑绿変不离新

吳尚賢权黄河有感庚辰夏文敏书

寧夏川好河山長柏連朔漠黄河來天間屏障
自有賀蕭山展目望綠洲堤眼前樹蔭遍村屋
遼旁柳相属河渠纵横阡佰连無旱辈潦稿麦
盡高產西北狗米咏膝江南春近秋早望高壹

夏無暑暑免摇扇冬有香媒暖房間風多兩少
日眼長昼暖疵涼瓜果細人人都说家鄉好秉
太乾仙境泩雪見美哉宁夏川不是江南膝似
江南君其看

吳尚賢美我宁夏川庚辰山夏馬文敏书

马文敏作品

夫知務也任職也審計也課功也四者治水之要也夫九官熙載禹稷
为烈何也則以禹治水而稷治粟也郑國在秦則关中沃野遂無凶年
李冰在蜀亦沃野千里号称陆海彼宁無雨暘天時之虞哉诚以地利
胜之也此知务者也史公之歌白公之歌召父杜母之歌蓋民心也地埭
称召伯颂起新丰渠号右史则士譽也此任職者也唐之世富商大賈

年利壅過郑白渠者一切毁之而宋臣所谓围田湮田塞水道之害尤悉
馬端臨所谓徒知湖之可田而不知湖外之田将胥而为水也章惇所
谓豪民获丰植之资官私享租输之入日增岁衍而水利之故地皆为
创置之良田矣之仰水利以耕者今不胜旱溢之苦倘公上不利丝毫
之赋守令不恤豪右之民毋惑于紛紛之议則何害之不除哉此審計

者也且禹司空也手足胼胝召伯也循行阡陌王尊端坐堤上苏轼
自呼营间若是乎其急之也今之玩愒之吏徒拥符重茵雍容堂陛曽
不聞以時行水按视倉廩而以委小吏何也盖宋時趙尚宽高赋皆以
水利被留再任有功则升陟无功终不得去如此則人自劝矣此课功
者也古之法仅垂者莫如屯田毎水利成周畎亩之制水之与田分地

寡矣水之不為田用者亦寡矣
而處治水之人乃羹于治田此水利之所以不可不讲也而用水一利
能违数害神禹之功仅抑洪水决九川距海浚畎浍距川而已用水之
術不越五法盡此五法加以智者神而明之变而通之田之不得水者
　明徐光啓农政全書水利
己卯年中夏書於愛月山房　杨世祯

杨世祯作品

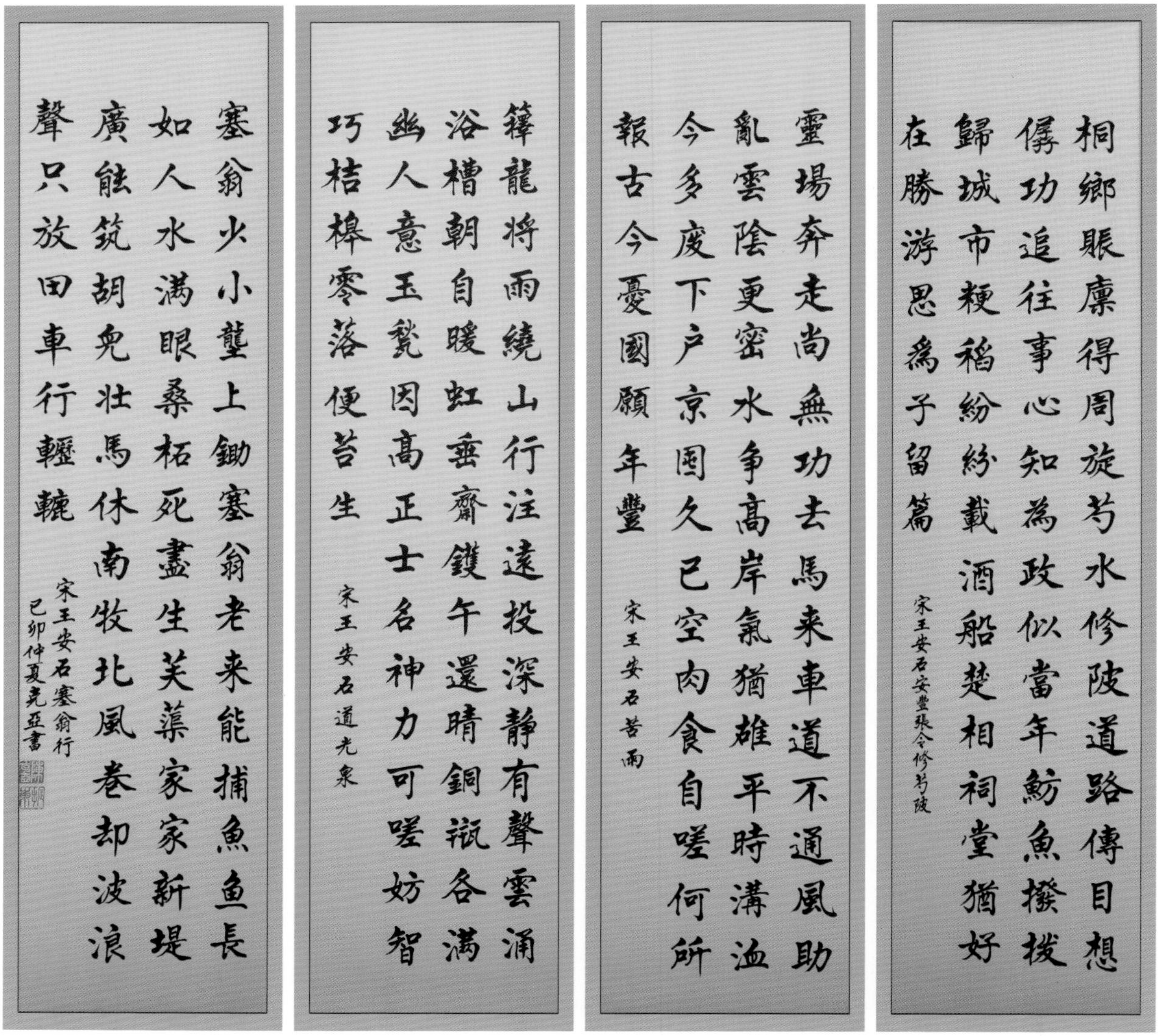
桐鄉賑廩得周旋芍水修陂道路傳目想
僝功追往事心知爲政似當年鲂魚撥撥
歸城市粳稻紛紛載酒船楚相祠堂猶好
在勝游思爲子留篇
宋王安石安豐張令修芍陂
靈場奔走尚無功去馬来車道不通風助
亂雲陰更密水爭高岸氣猶雄平時溝洫
今多廢下户京囷久已空肉食自嗟何所
報古今憂國願年豐
宋王安石苦雨
籜龍將雨繞山行注遠投深静有聲雲涌
浴槽朝自暖虹垂齋鑊午還晴銅瓶各滿
幽人意玉甃因高正士名神力可嗟妨智
巧桔槔零落便苔生
宋王安石道光泉
塞翁少小壟上鋤塞翁老来能捕魚長
如人水滿眼桑柘死盡生芙蕖家家新堤
廣能築胡兒壯馬休南牧北風卷却波浪
聲只放田車行轣轆
宋王安石塞翁行
己卯仲夏克亞書

陈克亚作品

第二单元
水文化书籍

　　诗歌言志向，古文传情怀。为更好地传承水利史，弘扬水文化，得益于自治区、水利厅党委的高度重视，宁夏各级水利部门出版了形式各异的水利书籍，这些水利书籍的出版，必将对人们了解、认识宁夏水利历史文化、研析宁夏水利事业发展脉络和建设成就起到积极的促进作用，进一步提升社会公众关注家乡历史、支持水利建设的思想情怀。

《宁夏水利志》

《宁夏水利新志》

《平罗县水利志》

《宁夏水利五十年》

《海原县水利志》

《宁夏水利历代艺文集》

《重修中卫七星渠本末记·点注本》

《大清渠录·点注本》

《宁夏引黄古灌区》

《长渠流韵》

第三单元
水利摄影作品

摄宁夏水利之波澜，展塞上江南之壮美。中华人民共和国成立后，特别是自治区成立以来，历届党委、政府贯彻落实中央治水方针，不断探索治水思路，践行"金山银山就是绿水青山"的发展理念，通过全区各族群众的不断努力，使古老的"塞上江南"发生了翻天覆地的变化。通过对宁夏水利建设成果的摄影展示，共同赏析塞上新天府的水韵新貌。

水利摄影作品展区

典农风光之一

典农风光之二

典农风光之三

典农风光之四

隆德梯田

西吉梯田

隆德淤地坝

西吉县小流域及坝系建设

彭阳天井

彭阳之秋

泾源生态美如画

多彩六盘

塞上江南美名传

黄河银川段标准化堤防

渔歌唱晚

第五部分

水利人物

　　从三万年前的宁夏远古先民逐水而居，到秦汉时期开创开渠引黄河水灌溉的伟大实践，宁夏水利的每一步都走得铿锵有力，印痕闪耀。中华人民共和国成立以来，全区水利工作者弘扬治水精神，投身水利建设的主战场。他们扎根基层，任劳任怨；刻苦钻研，破解难关；风雨兼程，无私奉献，为宁夏水利事业的发展做出了突出贡献。未来的日子里，我们将继续秉承新时代水利人"忠诚、干净、担当，科学、求实、创新"的水利精神，只争朝夕，不负韶华，以"功成不必在我，功成必定有我"的情怀，答好新时代宁夏水利发展的考卷。

第一单元
历代治水人物

虞诩 （东汉）	永建元年(126年)迁尚书仆射，四年因复置河间三郡而上疏，帝乃复三郡，使谒者郭璜督促和徒者，各归旧县，缮城郭，置候驿。既而激河(激河可能是修建横断河床的潜水坝，亦或是以石修筑的迎水埢)。浚渠为屯田，省内郡费岁以亿计。（《后汉书》卷五十八，列传第四十八虞诩，列传第七十七西羌传）
刁雍 （北魏）	太平真君五年至兴光二年(444-455年)为薄骨律镇将(薄骨律镇治在今灵武县西南)。到镇后蓄艾山渠，干渠共长一百二十里。因新建渠口的进水在西山上，故由东南向西北筑拦河坝一道，将西河断绝，坝长二百七十步，宽十步，高三丈，全部工程共动员四千人，六十天完工。此后西河之水尽入新渠，水力足用，可溉官私田四万余顷。改建后的新渠名曰艾山渠。（《魏书》卷三十八，列传第二十六，刁雍）
李听 （唐）	元和十四年(819年)五月，以功授夏、绥、银、宥节度使。十五年(820年)六月改任灵州大都督府长史，灵盐节度使。境内有引黄灌渠光禄渠(据《读史方舆纪要》载："志云，渠在灵州，本汉时导河溉田处也")。已经废寒多年，李听始复屯田，以省转饷，遂开决旧渠溉田千余顷，后世赖其饶。（《旧唐书》卷一三三，列传第八十三，李晟。《新唐书》卷一五四，列传第七十九，李晟）
杨琼 （北宋）	以才勇称，雍熙初(985年)领晟州刺使，至道初(996年)改庆庆路副都统，河外都巡检使，贼累寇雏，琼固捍有功。并开渠引黄河水，溉民田数千顷，增户口益课利，时号富强。（《宋史》卷二十八，列传第三十九，杨琼。《嘉靖宁夏新志》卷三，官迹，宋，杨琼）
张文谦 （元）	至元元年(1264年)，召以书中左丞行省西夏中兴等路，疏浚兴州(今银川)古唐徕、汉延二渠及夏、灵应理，鸣沙四州正渠十、支渠大小六十八，灌田十万顷，民蒙其利。（《元史》卷一五七，列传第四十四，张文谦。《万历朔方新志》卷二，官迹，元，张文谦）
董文用 （元）	至元改元(1264年)，召为西夏中兴等路行省郎中，开浚古唐徕、汉延、秦家等渠，是水田若干，于是民之归者户四五万，悉受田耕种，并颁给农具，与郭守敬同在张文谦以就其功。（《元史》卷一四八，列传第三十五，董俊。《嘉靖宁夏新志》卷二，官迹，元，董文用）
郭守敬 （元）	史称巧思绝人，中统三年(1262年)授提举诸路河渠，四年加授银符，副河渠使。至元元年(1264年)五月奉诏与唆脱颜行视西夏河渠，并制闾坐上，后又随张文谦行省西夏。其溉河五州，昔有古渠，在中兴者，一名唐徕渠，长四百里，一名汉延渠，长二百五十里，它州正渠十，共溉田九万余顷。自浑都御海作乱后，渠皆废坏淤浅，守敬因旧谋新，更立闸埢、诸渠复通，夏人永赖，立生祠以祀之。（《元史》卷四，世祖本纪卷一四八，列传第五十一，郭守敬）
宁正 （明）	洪武三年(1370年)：授河州卫指挥使兼领宁夏卫事。修筑汉、唐旧渠，引河水溉田，开屯数万顷，兵食饶足。（《明史》卷一三四，列传第二十二，宁正）
金濂 （明）	正统三年(1438年)，擢检都御史，参赞宁夏军务。宁夏旧有五渠，而鸣沙之七星、汉伯、石灰三渠久已淤寒，金濂用夫疏浚，溉荒田一千三百余顷。（《明史》卷一六0，列传第四十八，金濂。《明史》卷八十八，志第六十四，河渠六）
王殉 （明）	弘治十一年(1498年)，以右都御史巡抚宁夏，宁夏有古渠三道，东为汉渠，中为唐渠，时皆通流，惟西一渠(即西夏元吴废渠，旧名李王渠)，榜山，长三百余里，宽二十余丈，两岸危峻，旧迹俱湮，宜发辛浚凿，引水下流。请准上于十三年(1500年)开始疏浚，并更名为靖房渠，以绝房寇，兴水利。又于灵州西南，金积山口，汉伯渠之上，开金积渠基，长一百二十里，役夫三万余名，费银六万余两，因遍地顽石，大皆十余丈，锤凿不能入，火醋不能爱，因而废弃，如今仅有其名。（《明史》卷八十八，志第六十四，河渠六。《嘉靖宁夏新志》卷一，山川，靖房渠；卷三，水利，金积渠）
赵文 （明）	正德十一年(1516年)，任固原州镇守总兵官，因城内井水苦碱，人病于饮，遂商同兵备副使景佐，将州西南四十里之西海(东西宽一里，南北长三里)泉水导引入城，由南门而入，环绕于街巷，自东门而出，官兵汲饮甚便，公私两利。（《万历固原州志》上卷，地理志，山川，西海）

赵 文（明）	正德十一年(1516年)，任固原州镇守总兵官，因城内井水苦咸，人病于饮，遂商同兵备副使景佐，将州西南四十里之西海(东西宽一里，南北长三里)泉水导引入城，由西门而入、环绕于街巷，自东门而出，官兵汲饮甚便，公私两利。(《万历固原州志》上卷，地理志，山川，西海)
毛 鹏（明）	嘉靖四十一年(1562年)奉命抚夏。中卫黄河北岸蜘蛛渠，因河流背北趋南，渠口高淤，不能上水连年受旱。毛公命丁夫三千人，于旧渠之西六里处另作新口，设进水闸一座六孔，其傍又凿减水闸一座五孔，并开新渠七里，渠宽六丈，深二丈，新渠复入于旧渠，该工程，月余而成，力少功多，暂劳永逸，渠成后易名曰美利，盖取乾始美利之意。(《乾隆中卫县志》卷九，美利渠记)
汪文辉（明）	隆庆四年(1570年)为宁夏佥事。汉延、唐徕二渠进水闸原为木制，薪木力役，岁费不赀，虽决定易木为石，制式授工，然功未就即擢尚宝卿以去。巡抚罗凤翱继其事，万历四年(1576年)唐渠闸坝落成，五年汉渠闸坝告成。二坝之旁均设减水闸共十孔，中塘底塘和东西厢。南北厢各以石，上跨以桥，桥上穿廊轩宇，可谓塞上一奇观。(明史)卷二一五，列传第一三，《万历朔方新志》卷四，词翰，汉唐二坝记)
周弘杓（明）	万历十八年(1590年)任命监察御史，阅视宁夏边务。河东有秦、汉二坝，弘杓请依河西汉、唐二坝筑以石，并疏一大渠北达鸳鸯湖，大兴水利。(《明史》卷二三四，列传第一二二，周弘杓)
张九德（明）	为河东兵备，天启二年(1622年)灵州河大决，九德令造船百艘，运碎口石投河，一日尽八万艘，三日基础始定，由南向西而北垒石为堤，历时三年半，堤长六千余丈，堤成而河西徙，复由故道，岁省功役无数，号曰张公堤。又秦家渠常苦旱，汉伯渠常苦涨，九德筑长堤以护秦，开芦洞以泄灶，其复荒田数百顷(《宁夏府志》卷十二，明，张九德。《宁夏府志》卷十九，新筑灵州河堤记)
韩洪珍（明）	天启七年(1627年)任西路同知。咸宁旧有七星渠，荒淤多年，加之山水为患，渠之利不兴，已数十年。洪珍条列疏筑之法，专任其事。该工程计移凿旧渠口近三里，开新渠十五里，接入旧渠。新渠宽四丈五尺，深八尺。又浚凿山水河北水口，引山水入黄河，不使患渠。原荒芜之良田，咸得耕种，西路父老，欢呼歌颂。(《乾隆中卫县志》卷九，改修七星渠碑记)
高士铎（清）	康熙四十四年(1705年)任西路同知，因中卫美利渠口狭，北岸石根坚硬，南岸口埂低缺，渠口受水不多，高公征工开凿，比旧渠深三尺，广阔一丈，南岸亦砌石为堤，以前荒废地垦复五百余顷稻田。太平渠原在中卫县西南边墙抵河处开口，后废，高公复开，并延长一百二十里，灌田二万三千余亩。羚羊寿渠因渠口紧逼燕子窝沟，受山水之患故，高公于山水口子建暗洞一道长百余丈，山洪不再害渠。(《朔方道志》卷一，水利)
王全臣（清）	康熙四十七年(1708年)任宁夏水利同知时，渠工久废，全臣力躬亲督浚，筑唐渠迎水堤八百余丈，挽东逝之水以西注入渠。又循贺兰渠旧址开大清渠，引黄河水，浇民田六百五十七顷。各暗洞尽易以石，使水流蓄泄有方。五十三年(1714年)又开清寒渠，长六十七里，灌平罗县田一千八百余亩。(《宁夏府志》卷十二，王全臣。《宁夏府志》卷二十，修大清渠碑记文。《乾隆一统志》卷二，宁夏府山川，清寒渠)
通 智（清）	兵部侍郎，雍正四年(1726年)奉旨开惠农、昌润二渠，以资灌溉。又循惠农、昌润二渠东，据大河沿筑长堤三百二十余里，以障黄流泛溢。雍正九年(1731年)春，整修唐徕渠，并于正闸桥墩尾及西门桥柱刻画分数，测量水位，兼察淤澄。于渠底布埋淮底石十二块(分正闸下、大渡口、西门桥三处)，使后来疏浚，知所则效。(《宁夏府志》卷十二，通智。《宁夏府志》卷二十，艺文，惠农渠碑记、昌润渠碑记、修唐徕渠碑记)
费 楷（清）	任宁夏水利同知时，清勤自矢，疏浚有方。在任数年，渠流上下给足，民间几不闻有封水事，被传为美谈。(《宁夏府志》卷十二，宦迹，费楷)
钮廷彩（清）	雍正十年(1732年)任宁夏道观察使，十一年春大修汉延渠，使渠利大兴。十二年又建中宁七星红柳沟石环洞，以通山水，上架飞槽，横渡渠流，人多谓其事艰巨难成，公独断不疑，详请动帑兴工，历三载颇竖为白，渠竣成，失业者皆复乡里，民怀其德，立碑纪绩，并立生祠以祀之，碑今犹在。(《宁夏府志》卷十二，宦迹，钮廷彩。《宁夏府志》卷二十，艺文，大修汉渠碑记，钮公德政碑)

朱亨衍 （清）	乾隆九年(1744年)任监察厅同知，移驻海城（今海原县城），十五年(1750年)四月初一日，亲督民夫百人，尽一日之力，期去城南五泉百年之滞，并入山历览出水之处，始知泉有数十，不止于五。遂按泉之大小，分夫疏浚，二日完事，城之五里，旧以沙河为源者，亦相视地形，另凿渠引水，水乃足用。仍照村庄大小分派时日，轮流浇灌，后世因之。(《乾隆海城厅志》，水利。《光绪海城县志》卷八，清，朱亨衍)
喻光容 （清）	光绪四年(1878年)，任宁灵厅同知。宁灵以汉渠为命脉，公到任后即恭亲勘查，审度地形水势，浚浇畅流。知迎水门挥工为最要，与喻家营淤滞甚深，公专派千夫垒迎水堰，专派千夫疏喻家营，入水既畅，流水亦通，而喻家营之沙工，每年可免千夫挑挖，办渠之善为民称颂。(《朔方道志》卷十五，职官志，喻光容)
卢世坤 （清）	光绪十五年(1889年)，任隆德知县，时值旱灾，既发仓赈济，又筹兴水利。视察县西川水势，可以引灌田亩，遂开渠筑坝，月余事成。是水发源于六盘山，西流至沙塝铺西南，灌田二千余亩，旱魃无复能为虐，民被其惠，刻石记之。(《重修隆德县志》卷四，艺文志，碑文)
黄自元 （清）	光绪十一年(1885年)授宁夏知府，知渠为宁民命脉，每岁春工必亲自查勘，稽核出入，修浚唐铎，魏信诸暗洞，使水得渲泄，上游禾稼得免浸淹。(《朔方道志》卷十五，职官志，黄自元)
赵维熙 （清）	光绪三十年(1904年)由翰林出守宁夏，每岁疏浚，督率必亲。旗民田在靖益堡唐渠西蠢，开口引水，以溉旗田万顷。宁夏县河忠堡隔在河东，常苦无水，公商灵州知县陈必淮，接引灵州清水沟退水开渠，由新接堡绕达河忠堡，民甚德之。(《朔方道志》卷十五，宦迹，赵维熙)
陈必淮 （清）	光绪三十一年(1905年)任灵州知州，后升宁夏府知府。秦渠猪嘴码头自道光二十九年(1849年)被河水冲塌，四十日工成，计码头长达八十丈，高四丈，顶宽四丈，里外护石，中填柴土，斜插河中，隐隐然有撑持东南半壁之势，工竣河复故道，秦渠河患乃除。(《朔方道志》卷二十七，艺文志，规复秦渠猪嘴码头碑记)
王 祯 （清末）	中宁县恩和乡人，卒于1918年3月5日，曾率乡亲们在孙家滩开渠十四里，由北河子引水灌溉，名"王祯渠"，即后来的安滩渠。光绪二十三年(1897年)，王祯被推任七星渠总领，任职二十一年。光绪二十六年创修红柳沟倒虹吸水洞，一直使用到民国27年。民国6年又创修成七星渠口进水涵洞，使七星渠与清水河山洪分流，其分流作用后来失效，但控制渠道进水进沙的作用显著。到1958年按原方位改建成进水闸。(《中宁县水利志》治水人物·王祯)
崔桐选 （民国）	1927年春奉派整顿宁夏水利，据说行前甘肃省主席刘郁芬曾面示：要对把持水利，罪大恶极的人员，从严惩处。崔桐选工作认真，疾恶如仇，整顿宁夏水利积弊，雷厉风行，深得人心，至今犹在流传。(《宁夏水利史志》专辑一)
李翰圆 （民国）	1938-1946年，任宁夏省建设厅长。1938年冬设立水利人员训练所，培训水利业务人员，每期三月；建立健全水利基层组织，订立渠、沟养护办法；严格执行灌水制度和对辅渠水办法。依据各地政局清丈全省地亩图册，核实各渠实灌田亩。合并大清、汉延、惠农三渠于西河口引水。整修排水沟，测量规划河西各干沟，扩修北大、小中、黄阳、环城等沟，恢复西大沟，重修掌政、云亭等穿渠涵洞工程，并重修河东泰渠山水沟涵洞。1939年设立河西排水沟管理所，加强沟道管理。人工裁顺望洪黄河弯道，清除了坍岸威胁。(《宁夏水利史志》专辑三)
马周堂 （民国）	宁夏贺兰县人，建国前任唐徕渠局长多年(1935-1945年)，任职期间，每年春工亲自督导，疏浚渠道，整治闸坝；开灌后，每轮水均由上口到梢亲自封依水量，使渠梢能及时灌溉，并由过去夏灌两次水增加到三次。渠梢人民感其治水功绩，联名赠匾"泽及梢民"四字，悬挂于平罗县城南门桥楼上。建国后仍从事水利工作，先后在宁朔县和银川市凭着多年的治水经验，参加了唐徕渠的扩整和红花渠口的迁建工程。1957年7月去世。(唐徕渠志附录)

第二单元
当代劳模

中华人民共和国成立后宁夏水利行业荣获全国及省部级劳动模范、先进工作者。

姓 名	性别	获奖时间	单 位	获奖情况
李行泉	男	（1995年4月）	宁夏固海扬水管理处	"全国劳动模范"荣誉称号（国务院）
冉照忠	男	（2000年4月）	宁夏水利水电工程局	"全国劳动模范"荣誉称号（国务院）
杨永福	男	（2005年4月）	宁夏固海扬水管理处	"全国劳动模范"荣誉称号（国务院）
丁生忠	男	（1988年4月）	宁夏固海扬水管理处	"全国民族团结进步先进个人"荣誉称号（国务院）
石 元	男	（1988年4月）	宁夏秦汉渠管理处	全国"五一"劳动奖章（全国总工会）
吴海川	男	（1996年4月）	宁夏七星渠管理处	全国"五一"劳动奖章（全国总工会）
陈家兴	男	（2003年4月）	青龙管业股份有限公司	全国"五一"劳动奖章（全国总工会）
刘开义	男	（1950年）	永宁县水利局	宁夏省"水利劳动模范"荣誉称号
白玉生	男	（1952年）	青铜峡市水利局	宁夏省"水利劳动模范"荣誉称号
裴峻樵	男	（1978年8月）	宁夏水利修造厂	"自治区科技先进工作者"荣誉称号（自治区革命委员会）
严正才	男	（1980年4月）	宁夏唐涞渠管理处	"自治区农业劳动模范"荣誉称号（自治区政府）
徐占孝	男	（1980年4月）	宁夏惠农渠管理处	"自治区农业劳动模范"荣誉称号（自治区政府）
刘真传	男	（1983年3月）	宁夏水利工程建设管理局	"自治区民族团结先进个人"荣誉称号（自治区政府）
田瑞兴	男	（1983年3月）	平罗县水利局	"自治区先进（生产）工作者"荣誉称号（自治区政府）
强 彩	男	（1983年3月）	宁夏水利修造厂	"自治区先进（生产）工作者"荣誉称号（自治区政府）
马学仁	男	（1988年9月）	宁夏唐涞渠管理处	"民族团结进步先进个人"荣誉称号（自治区党委、政府）
周俊杰	男	（1989年5月）	宁夏固海扬水管理处	"劳动模范"荣誉称号（水电部）
勉如麟	男	（1989年5月）	宁夏水文水资源勘测局固原分局	"全国水利系统劳动模范"荣誉称号（水利部、水电工会）
王克德	男	（1991年12月）	固原地区防汛指挥部	"全国抗洪模范"荣誉称号（国家防总、人事部）
梁兴宏	男	（1994年12月）	宁夏固海扬水管理处	"全国抗洪模范"荣誉称号（国家防总、人事部）
赵文俊	男	（1995年9月）	固原县水利局	"全国水利系统先进工作者"荣誉称号（人事部、水利部）
郑洪志	男	（1998年5月）	宁夏西干渠管理处	"自治区劳动模范"荣誉称号（自治区政府）
王大本	男	（2000年4月）	宁夏西干渠管理处	"自治区劳动模范"荣誉称号（自治区党委、政府）
徐春明	男	（2000年4月）	宁夏水利水电工程咨询公司	"自治区先进工作者"荣誉称号（自治区党委、政府）
白树明	男	（2002年1月）	盐池县水利局	"全国水利系统先进工作者"荣誉称号（人事部、水利部）
许文其	男	（2002年1月）	宁夏水利水电工程局	"全国水利系统先进工作者"荣誉称号（人事部、水利部）
田志贵	男	（2005年4月）	宁夏水文水资源勘测局固原分局	"自治区先进工作者"荣誉称号（自治区党委、政府）
尹新安	男	（2005年12月）	宁夏固海扬水管理处	"全国水利系统先进工作者"荣誉称号（人事部、水利部）
曹 君	男	（2010年4月）	宁夏盐环定扬水管理处	"自治区先进工作者"荣誉称号（自治区党委、政府）
徐宁红	女	（2010年4月）	宁夏水利厅农村水利处	"自治区先进工作者"荣誉称号（自治区党委、政府）
马国忠	男	（2007年）	海原县水利局	"全国防汛抗旱模范"荣誉称号（国家防总、人事部）
王 宁	女	（2007年）	宁夏水文水资源勘测局	"全国防汛抗旱模范"荣誉称号（国家防总、人事部）
杨 静	女	（2007年）	银川市水务局	"全国防汛抗旱模范"荣誉称号（国家防总、人事部）
金 平	男	（2010年1月）	银川市水务局	"全国水利系统劳动模范"荣誉称号（人社部、水利部）
马国民	男	（2010年4月）	宁夏宁红寺堡扬水管理处	"全国水利系统劳动模范"荣誉称号（人社部、水利部）
葛青海	男	（2010年12月）	宁夏水文水资源勘测局吴忠分局	"全国防汛抗旱先进个人"荣誉称号（国家防总、人社部）
马少波	男	（1993年4月）	宁夏固海扬水管理处	自治区"五一"劳动奖章（自治区总工会）
张煜明	男	（1997年4月）	宁夏水利科学研究所	自治区"五一"劳动奖章（自治区总工会）
丁玉和	男	（1998年4月）	宁夏秦汉渠管理处	自治区"五一"劳动奖章（自治区总工会）
周伟华	男	（2008年4月）	宁夏水文水资源勘测局	自治区"五一"劳动奖章（自治区总工会）
马玉柱	男	（2011年4月）	宁夏秦汉渠管理处	自治区"五一"劳动奖章（自治区总工会）

第三单元
现代水利专家

李粹文	河南开封人，1928年3月出生，1952年毕业于西北农学院水利系，从事水利工程的助测设计与施工40多年。
郑广兴	福建莆田人，1929年10月出生，1958年参加工作，长期从事水文水资源勘测、防汛抗旱、水情服务和水文科研工作。
任守谦	山西大同人，1933年10月出生，1958年毕业于北京勘测设计院西安水利分院，1955年到宁夏工作，长期从事水利工程的助测、水文地质、农村饮水工作。
张存济	山东无棣人，1935年3月出生，1995年3月退休，1960年清华大学水利水电工程系毕业，从事水利工程的规划设计、科学研究等工作。
那振洲	宁夏永宁人，1936年2月出生，1955年8月参加工作，长期从事水文测验设施工作，潜心钻研水文设施设计、改造、建设。
陈前定	陕西汉中人，1937年10月出生，1998年3月退休，1958年毕业于西北水利学院，长期从事水文工作。
汪梅君	上海市人，1938年1月出生，1999年7月退休，2006年1月去世，1961年毕业于河海大学水文系，长期从事水文工作，获自治区十大科技明星。
张启霞（女）	陕西西安人，1939年8月出生，1999年8月退休，长期从事水利工程的勘察、规划、设计、施工工作。
赵文骏	江苏南京人，1942年5月出生，2002年7月退休，1965年7月毕业于河海大学陆地水文专业，长期从事水文测站定点观测与水文调查工作。
吴安琪	山东高唐人，1949年11月出生，1982年7月毕业于宁夏大学化学系，长期从事水利科学研究，1994年12月荣获全国"五一"劳动奖章。
马琼	湖南衡阳人，1953年3月出生，1982年毕业于宁夏农学院，农业技术推广研究员，获自治区特殊贡献专家、自治区有突出贡献科技人才奖。
卜崇德	宁夏隆德人，1957年3月出生，1982年7月参加工作，主要从事水土保持研究及小流域综合治理工作，自治区"313"人才，获自治区青年科技奖，全国水利系统科技工作者。
薛塞光	陕西定边人，1957年5月出生，1982年毕业于武汉水利水电学院，长期从事水利水电工程规划、设计、科研和建设工作，享受自治区政府特殊津贴，自治区"313"人才，水利部首批"5151"部级人才。
田军仓	陕西扶风人，1958年3月出生，1998年6月获武汉大学（原武汉水利水电学院）博士学位，现任宁夏大学副校级调研员兼土木与水利工程学院院长，国家"百千万人才工程"第一、第二层次人选，全国高等学校教学名师，全国"五一"劳动奖章获得者，主要从事农田水利、节水灌溉研究和教学工作。
杜历	辽宁锦州人，1963年6月出生，1984年毕业于宁夏农学院，主要从事节水管理和水利科研工作，享受自治区政府特殊津贴，自治区"313"人才。
郝季厚	河北新安人，1906年出生，1933年毕业于北洋工学院土木建筑系，1950年调入宁夏，对引黄灌区干渠的整修改建、排水系统的建立和灌溉管理方面建树甚多。
杜瑞琯	河北深泽人，1908年10月出生，1994年4月去世，毕业于天津北洋大学，先后从事水利勘测设计、科研等工作。1991年6月荣获水利部"水利事业勤奋工作二十五年"特殊荣誉。
薛池云	陕西定边人，1910年出生，参与重大水利项目的决策与实施，成为一名有治水经验的领导干部，因贡献突出，被誉为宁夏水利领导干部中的"土专家"。
李景牧	宁夏永宁人，1913年3月出生，1999年8月去世。毕业于宁夏省立第一师范，是宁夏著名的草土围堰工程方面的专家，从事水利事业40多年，为宁夏水利建设做出了贡献。
张儒铭	宁夏中宁人，1915年2月出生，从事水利工作30余年，曾任水利局副局长，1990年中央水利授予他"献身水利水保事业"胸章。
郝玉山	陕西横山人，1916年出生，2005年8月去世。1949年9月-1953年8月，历任宁夏建设厅（后改农林厅）副厅长、厅长，1958年-1962年历任自治区副主席，分管农业水利，被誉为宁夏水利的总工程师。
礼荣勋	辽宁抚顺人，1916年10月出生，1938年12月毕业于吉林高级工科学校（大专）土木系。1958年调入宁夏，负责青铜峡枢纽全工程的技术工作，曾任宁夏水利局（厅）总工程师、副局长。
张国理	宁夏隆德人，1917年出生，历任区委书记、县政府科长、副县长、县长、县人大副主任等职。主要从事中型水库、小水电站和人畜饮水工程的踏勘、设计和施工。
任廷桢	河南郑州人，1920年3月出生，2006年8月去世。1951年6月毕业于西北农学院水利系。1982年退休，先后从事勘测设计、科研等工作。
吴尚贤	宁夏青铜峡人，1920年10月出生，1946年毕业于重庆中央大学水利系。50年代初，先后从事改建灌区、治理由洪、水库建设等工作。
雷锋	陕西合阳人，1924年6月出生，1948年毕业于原西北工业大学，长期从事固原地区的水利、水电、水保事业。
李识海	山西万荣人，1925年4月出生，1950年毕业于西北农学院水利系，先后从事水库施工、扬水工程规划设计等工作，1990年离休。
张明	辽宁绥中人，1926年4月出生，1952年8月由天津大学水利系毕业，曾任水利厅副总工程师。
胡国有	甘肃武威人，1926年11月出生，1952年毕业于西北工学院水利系，1958年调入宁夏，曾任自治区水利工程处总工程师。
马应杰	山西河津人，1927年8月7日出生，1950年毕业于武功农学院水利系，在建国初期的宁夏水利建设中，采用推广新技术，如排水沟的倒虹、七星渠红柳沟大渡槽、唐徕渠西门桥等钢筋混凝土结构的设计、施工，均为开当地先例。
王兆策	河南镇平县人，1927年9月19日出生，1949年7月毕业于河南大学水利系。先后从事水利工程规划、设计、施工、教学、科研等工作。
王国栋	甘肃秦安人，1928年10月出生，1952年西北农学院水利系毕业，先后从事水利工程的施工、测量、地质勘探、规划设计等工作。
苏发祥	甘肃定西人，1929年11月出生，1954年西北工学院水利系毕业，主要从事水利工程的勘查、设计、施工等工作。
胡开华	陕西安康人，1930年4月出生，1953年毕业于西北水利学校农田水利专业，长期从事水利工程施工、管理，1983年被国家民委、劳动人事部、中国科协三部委评为少数民族地区优秀科技工作者。
丁昆英	河南洛阳人，1930年10月出生，1952年毕业于西北农学院农田水利系，长期从事水利助测设计、科研等工作。
何焕章	江西清江人，1930年12月出生，长期从事水利工程规划设计工作，1991年8月病故。
陈丕良	甘肃镇原人，1932年3月出生，1998年2月去世。先后从事河流域治理、基本农田建设、水库除险加固等工作。
杜荫生	陕西富平人，1932年3月出生，2009年12月去世。1954年8月毕业于咸阳西北工学院水利系，长期从事扬水渠规划、设计、施工等工作。
黄石门	四川营山人，1932年3月出生，1958年7月参加工作，2001年9月病故，长期从事水利勘测设计工作。
王志新	陕西泾阳人，1932年4月出生，1995年1月退休，2008年去世，1952年8月毕业于陕西三原工农技术学校水利专业，从事山区小型水利工作，为解决山区人民生产生活用水作出了积极贡献，曾任水利厅副厅长。
曾永沛	陕西安康人，1932年10月出生，1954年毕业于西北工学院水利系水工专业。1954年分配到北京勘测设计院西安分院工作，1958年调入宁夏，长期在固原、西吉等地从事水利勘测、设计、施工等工作。
陈秉康	湖南双峰人，1933年8月出生，1954年8月毕业于清华大学水动系。1954年8月-1993年10月在宁夏水利水电勘测设计院从事测绘设计工作。
袁钟	江西樟树人，1933年10月出生，1953年7月毕业于武汉水利学院，曾任水利厅总工程师。
高广信	宁夏银川人，1933年11月出生，1957年毕业于西北农学院农田水利专业，长期从事农田水利工作。

柳隆章	辽宁开原人，1933年12月出生，1959年11月参加工作，1994年2月退休。长期从事水利工程的地质勘察工作。
周光甫	浙江奉化人，1934年5月出生，1954年7月参加工作，主要从事水文勘测、水文资料整编等工作。
宋大田	四川眉山人，1934年7月出生，1956年9月参加工作，1994年8月退休，长期从事水利规划设计工作。
尚德福	辽宁海城人，1934年10月出生，1957年10月由大连工学院水利系毕业，从事水库的规划、设计与施工等工作。
卓文宝（女）	上海人，1934年11月出生，1954年8月毕业于清华大学水利系。从事水利工程设计工作。1983年被评为自治区全国边远地区先进科技工作者，为推动宁夏水利水电建设事业的发展作出了较大的贡献，先后被评为自治区劳动模范，全国水利系统劳动模范。
尚通古	甘肃华亭人，1934年11月出生，1955年7月由西北水利学校毕业，主要从事水利水保工程的规划、设计与施工以及水库防汛、灌溉管理等工作。
全达人	陕西西安人，1935年出生，宁夏大学教授。1956年毕业于水利部水文地质专科学校。1959—1960年在前苏联莫斯科大学学习地下水动力学和地下水利用。先后从事农田测研究、教学、科研等工作，1974年调入宁夏农学院后，为水系系的建立、师资队伍建设和教学质量的提高倾注了大量心血。
徐克俭	浙江绍兴人，1935年1月出生，毕业于华东水利学院（现河海大学）水利工程系。长期从事水利勘测、设计、规划等工作。
黎福乐	宁夏灵武人，1935年3月出生，1959年毕业于西安交通大学农田水利工程专业。长期从事水利勘测、设计、施工、水工建筑等工作。
李培德	陕西汉中人，1935年5月出生，毕业于西北水利学校。先后从事水利规划设计、教学、科研等工作，1978年获银川市先进工作者。
江朝燊	四川开江人，1935年6月出生，1959年7月毕业于西安交通大学农田水利工程专业。曾留西安交通大学任教，后调入宁夏，长期从事大中型水利工程的规划、设计等工作。
何翔	湖北沙市人，1935年10月出生，毕业于清华大学水利系河川结构和水电站水工建筑专业。1961年2月参加工作，长期从事大中型工程的规划、可研与设计工作。
张钧超	江苏徐州人，1935年11月出生，1960年由华东水利学院毕业。从事水利工程前期规划、设计等工作，曾任宁夏水利厅副厅长。
王春茂	陕西蓝田人，1936年8月出生，1979年11月入党，1996年9月退休。1960年8月毕业于西安交通大学水利系。长期从事工程施工管理工作。
王化谦	辽宁本溪人，1937年1月出生，1960年8月毕业于北京水利发电学校。1960年8月—1998年2月在宁夏水利水电勘测设计院从事水利野外施工和水利工程造价工作。
王信铭	宁夏银川人，1937年2月出生，1961年毕业于陕西工业大学。主要从事水利工程的计划、基本建设、农田水利、水土保持以及工程项目的管理工作，曾任宁夏水利厅副厅长。
南亚武	1937年5月出生，1957年至1962年，在西安交通大学、陕西工业大学学习。长期在银北地区从事水利工程的勘查、规划、设计、建设、管理等工作。
刘振声	宁夏中宁人，1937年11月出生，1954年毕业于西北水利学校农田水利专业。先后从事水文测验、农村饮水、水土保持等工作。
张祖铭	云南罗平人，1937年12月出生，1960年毕业于武汉水利电力学院（今武汉大学）农田水利专业。1964年分配到宁夏工作，先后从事水利管理、教育教学工作。
岳俊德	辽宁北宁人，1937年12月出生，1962年10月参加工作。主编《宁夏水利科技》27年，主编《宁夏水利》21年。
王立石	辽宁沈阳人，1938年1月出生，1960年8月毕业于北京水利发电学校。1960年9月—1998年2月在宁夏水利水电勘测设计院从事水利水电电气设计工作。

田瑞兴	陕西兴平人，1938年4月出生，1959年6月毕业于陕西西北水利学校。在平罗从事水利工作49年，对平罗县农田灌排体系尤其熟悉，被平罗水利系统尊称为"活地图"。1982年被评为自治区先进技术工作者。
朱建纲	陕西周至人，1938年8月出生，1966年7月参加工作，1998年8月退休。主要从事灌溉管理、工程管理等工作。
雷韦锁	陕西澄城人，1938年9月出生，1964年7月参加工作，1998年9月退休。在黄河险工治理、库区移民、水利工程的前期论证工作中，作出了积极贡献。
李鹏	山西阳高人，1938年9月出生，1964年由陕西工业大学毕业。主要从事水利工程设计、规划等工作。
刘柏章	湖北武汉人，1939年6月出生，1962年毕业于武汉水利电力学院。先后从事灌溉管理、土壤盐渍化综合防治等工作。
焦盛昌	河南卫辉人，1940年6月出生，1965年毕业于武汉水利电力学院农田水利工程系。在农业科技推广研究中贡献突出。
候智德	陕西府谷人，1940年11月出生，毕业于陕西工业大学水利系。从事水利技术工作30多年，熟悉各种工程的设计、施工。
吴乾劲	海南三亚人，1941年出生，1965年8月参加工作，主要从事大中型水工建筑物和渠道的勘测、设计和施工。
潘家铭	江苏常州人，1941年6月出生，1963年8月参加工作，2001年9月退休，主要从事水利工程的设计、管理工作。
刘汉忠	四川资阳人，1941年10月出生，1965年7月毕业于陕西工业大学水利工程系。曾任水利设计院副院长、院长，水利厅副厅长、党委书记兼厅长等职。
曹善和	宁夏市人，1941年11月出生，1965年毕业于北京农业机械化学校农田水利系。原水利厅副总工程师先后在贺兰县水电局、惠农渠管理处、水利厅水土保持处、农田水利处、计划基建处工作。
阮廷甫	河南永城人，1943年12月出生，1960年在甘肃省泰安莲花水库参加工作，1985年4月调宁夏工作，2004年12月退休，曾任宁夏水利厅副厅长。
王昕华	山西保德人，1946年出生，1969年毕业于内蒙古农业大学农田水利工程专业。1979年调宁夏工作，2006年退休，先后从事水利科技、试验研究、职工教育、农村水利建设与管理等工作。
黄克国	河南洛阳人，1949年出生，1964年参加工作，在水利工程机电设备、工程材料、咨询、施工等方面业绩突出。
方树星	河南获城人，1956年11月出生，1972年3月参加工作，主要从事水文水资源利用、节水灌溉、农业排水等研究工作。享受自治区政府特殊津贴，自治区"313"人才。
哈岸英	宁夏青铜峡人，1962年10月出生，1985年7月参加工作，主要从事大中型水利工程的规划、设计等工作。2001年4月被自治区总工会授予"五一"劳动奖章，享受自治区政府特殊津贴，自治区"313"人才。
孙建书	河南清丰人，1963年1月出生，1984年7月参加工作，主要从事大中型水利水电工程的规划、设计任务等工作。
李治	甘肃临洮人，1963年7月出生，1986年7月参加工作，主要从事大中型水利工程的规划、设计等工作。
鲍子云	福建蒲城人，1965年8月出生，1987年7月参加工作，主要从事灌溉排水、盐碱地改良等方面水利科研工作。
刘学军	宁夏中宁人，1965年11月出生，1989年7月参加工作，主要从事节水灌溉、农村水利、水资源管理等方面的水利科研工作。
朱云	宁夏永宁人，1966年3月出生，1988年3月参加工作，主要从事防汛抗旱管理和河洪治理基本建设管理等工作。
王景山	青海西宁人，1967年2月出生，1988年7月参加工作，主要从事水土保持、水文水资源管理等工作。

第六部分

水利乐园

　　水是一切生命赖以生存的自然资源，社会发展不可缺少的战略资源。千百年来，勤劳智慧的劳动人民不断认识、适应、开发和利用水资源，取得了丰硕成果。然而，随着人口增长、工农业生产和城市化进程的快速推进，水资源短缺、水环境恶化等问题，严重制约了经济社会的健康发展。因此，必须教育引导广大社会公众从现在做起，从身边小事做起，增强节水意识，规范用水行为，以水资源的可持续利用保障经济社会的可持续发展。

水利乐园内部场景

竞赛互动触摸答题机

节水视频触摸播放机

日常生活用水量互动体验机

水资源部分展线

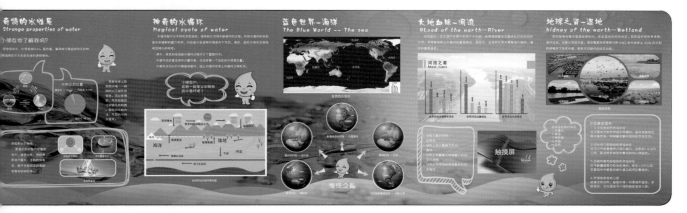

水知识部分展线

水利用部分展线

喷灌、微灌、滴灌实景模型展示

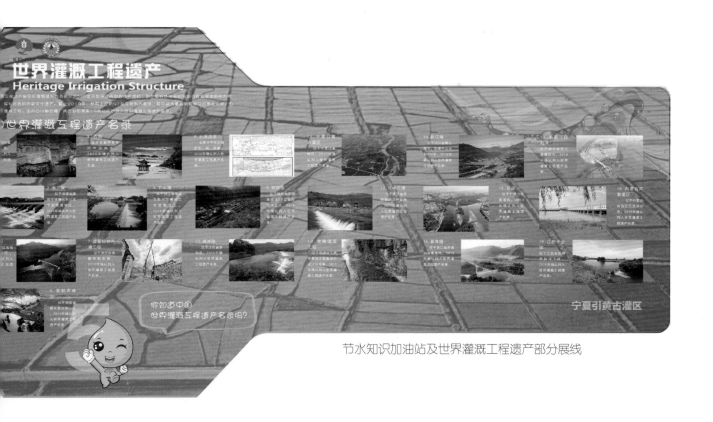

节水知识加油站及世界灌溉工程遗产部分展线

读书角

结束语

　　黄河是中华民族的母亲河，自古哺育了"塞上江南"这片神奇的热土。两千多年以来，宁夏水利历经沧桑，每一个前进的脚印无不闪耀着先辈的智慧和力量。中华人民共和国成立以来，宁夏水利风雨兼程，每一页篇章无不书写着历史的成就与辉煌。行走在历史的长河中，宁夏人对依水生存、唯水发展的认识日益深刻。记忆水利的昨天，建设水利的今天，憧憬水利的明天，宁夏水利建设征程任重道远。站在新的起点，宁夏水利必将乘风破浪，再展更加绚丽的画卷。